W0254944

MikroComputer-Praxis

Herausgegeben von
Dr. L. H. Klingen, Bonn, Prof. Dr. K. Menzel, Schwäbisch Gmünd
und Prof. Dr. W. Stucky, Karlsruhe

ELAN
in 100 Beispielen

Von Dr. Leo H. Klingen, Bonn
und Jochen Liedtke, St. Augustin

Mit 25 Abbildungen

B. G. Teubner Stuttgart 1985

CIP-Kurztitelaufnahme der Deutschen Bibliothek

Klingen, Leo H.:
ELAN in 100 Beispielen / von Leo H. Klingen u. Jochen
Liedtke. – Stuttgart : Teubner, 1985.
(MikroComputer-Praxis)

ISBN 978-3-519-02521-4 ISBN 978-3-322-92142-0 (eBook)
DOI 10.1007/978-3-322-92142-0

NE: Liedtke, Jochen:

Gesamtherstellung: Beltz Offsetdruck, Hemsbach/Bergstraße
Umschlaggestaltung: M. Koch, Reutlingen

Anstatt eines Vorwortes

Über das Problemlösen durch Programmieren

oder:

Heinrich von Kleist (Königsberg 1805)
Über die allmähliche Verfertigung der Gedanken beim Reden

"Wenn du etwas wissen willst und es durch Meditation nicht finden kannst, so rate ich dir, mein lieber, sinnreicher Freund, mit dem nächsten Bekannten, der dir aufstößt, darüber zu sprechen. Es braucht nicht eben ein scharfdenkender Kopf zu sein, auch meine ich es nicht so, als ob du ihn darum befragen solltest: nein! Vielmehr sollst du es ihm selber allererst erzählen. Ich sehe dich zwar große Augen machen, und mir antworten, man habe dir in früheren Jahren den Rat gegeben, von nichts zu sprechen, als nur von Dingen, die du bereits verstehst. Damals aber sprachst du wahrscheinlich mit dem Vorwitz, a n d e r e, ich will, daß du aus der verständigen Absicht sprechest, d i c h zu belehren, und so könnten, für verschiedene Fälle verschieden, beide Klugheitsregeln vielleicht gut nebeneinander bestehen.
Der Franzose sagt, l'appétit vient en mangeant, und dieser Erfahrungssatz bleibt wahr, wenn man ihn parodiert, und sagt, l'idée vient en parlant. Oft sitze ich an meinem Geschäftstisch über den Akten, und erforsche, in einer verwickelten Streitsache, den Gesichtspunkt, aus welchem sie wohl zu beurteilen sein möchte. Ich pflege dann gewöhnlich ins Licht zu sehen, als in den hellsten Punkt, bei dem Bestreben, in welchem mein innerstes Wesen begriffen ist, sich aufzuklären. Oder ich suche, wenn mir eine algebraische Aufgabe vorkommt, den ersten Ansatz, die Gleichung, die die gegebenen Verhältnisse ausdrückt, und auf welcher sich die Auflösung nachher durch Rechnung leicht ergibt. Und siehe da, wenn ich mit meiner Schwester davon rede, welche hinter mir sitzt, und arbeitet, so erfahre ich, was ich durch ein vielleicht stundenlanges Brüten nicht herausgebracht haben würde. Nicht, als ob sie es mir, im eigentlichen Sinne sagte; denn sie kennt weder das Gesetzbuch, noch hat sie den Euler, oder den Kästner studiert. Auch nicht, als ob sie mich durch geschickte Fragen auf den Punkt hinführte, auf welchen es ankommt, wenn schon dies letzte häufig der Fall sein mag. Aber weil ich doch irgend

eine dunkle Vorstellung habe, die mit dem, was ich suche, von fern her in einiger Verbindung steht, so prägt, wenn ich nur dreist damit den Anfang mache, das Gemüt, während die Rede fortschreitet, in der Notwendigkeit, dem Anfang nun auch ein Ende zu finden, jene verworrene Vorstellung zur völligen Deutlichkeit aus, dergestalt, daß die Erkenntnis, zu meinem Erstaunen, mit der Periode fertig ist."

Inhaltsverzeichnis

IX. Sozialkundliche Anwendungen 176

X. Sonstiges 193

XI. Anhang 217

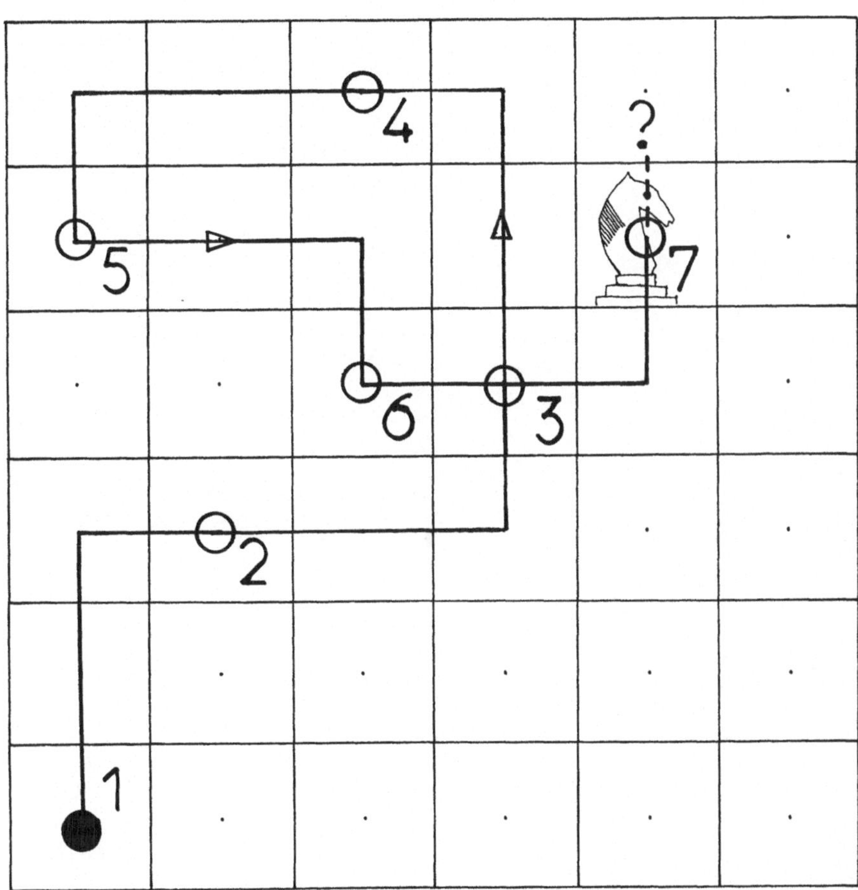
4
5
?
7
6
3
2
1

ELAN in 100 Beispielen.

Einführung.

Eine Sprache kann man lernen wie eine Muttersprache in natürlicher Umgebung, wie Englisch im lektionierten Aufbau und ganzheitlichen Gebrauch und schließlich wie Latein nach Wortschatz und Grammatik. Für eine Computersprache ergeben sich in anderer Reihenfolge ähnliche Alternativen. Man kann sie lernen

a) dadurch daß man einer entwickelnden Lehre im lebendigen Unterricht folgt, wo neue Sprachkonstrukte im Kontext von Problemstellungen erstmalig dann verwendet werden, wenn sie notwendig und wesentlich sind, wo ferner rechtzeitige Stützung gegen das Vergessen durch wiederholte und geschickt variierte Anwendung in neuen Zusammenhängen erfolgt,
b) dadurch daß man das Gerüst der Sprachregeln und die Definition der Schlüsselwörter z.B. anhand von Syntaxdiagrammen oder mehrstufigen Grammatiken systematisch studiert und lernt
c) dadurch daß man einfach viele ausgeführte Beispiele liest und anschließend variiert.

Die erste Art ist vornehmlich dem schulischen Unterricht durch einen kundigen Lehrer vorbehalten und verlangt für die schriftliche Darstellung in einem Buch eine besondere Autorenkunst. Die zweite Art erscheint zwar dem naiven Betrachter als der unmittelbare und kürzeste Weg, führt aber i.a. nicht zu jener Internalisierung der Ideen, welche den Schüler für benachbarte Problemlösungen selbständig machen würde.
Die dritte Art, die hier angegangen wird, muß voraussetzen, daß die sprachliche Programmausführung überhaupt lesbare Produkte (d.h. nicht nur für den Autor lesbare, sondern für den Leser lesbare Programme) liefert. Das ist für viele Computersprachen, die sich zu eng an das Konzept der Codierung, der Kürzel, und der oft willkürlich vereinbarten Symbolik lehnen, leider nicht der Fall. Für ELAN ergeben sich hier glückli-

cherweise günstige Voraussetzungen, so daß dieser Band "ELAN in 100 Beispielen" auch für solche Leser algorithmische Anregungen geben kann, die auf ihrem Computer keinen ELAN-Compiler besitzen. Natürlich wird das bloße Kopieren des Beispiels nicht reichen; der Leser sollte überall da, wo er Lust dazu spürt, umbauen oder ergänzen.
Ein kleiner Teil der Problemstellungen kommt auch in den Parallelbänden der Reihe Mikrocomputer-Praxis vor, welche im selben Verlag ausgeführte Beispiele in BASIC, Pascal und LOGO enthalten. Für den Leser ergibt sich dadurch eine höchst erwünschte Möglichkeit zum Vergleich der sprachlichen Darstellungen und ihrer Lesbarkeit, die zugleich Eindringlichkeit und Hilfe für den Lernenden bedeutet. Alle Beispiele des Buches sind vornehmlich auf den Anfänger zugeschnitten, was sowohl ihren Schwierigkeitsgrad, als auch ihre Länge anbelangt: zu lange Programme werden in der Regel ungern übernommen. Eine im Anhang empfohlene Ordnung stellt nach Erfahrung der Autoren einen günstigen aufbauenden Anfängerkurs dar.
Aus dem Buch Klingen/Liedtke "Programmieren in ELAN", das für ein eingehenderes Studium besonders des algorithmischen Hintergrundes empfohlen wird (Teubner 1982), sind Lösungen zahlreicher dort aufgeführter Übungsaufgaben aufgenommen worden.
Im letzten Teil des Buches sind wenige längere Programmdarstellungen untergebracht, deren Lesbarkeit durch die Gliederungs- und Verbalisierungsmöglichkeiten von ELAN auch über mehrere Seiten gegeben sein wird. Dagegen verboten der Umfang des Bandes und die durch den Titel vorgegebene Zahl von 100 Beispielen, Projekte aufzunehmen, wie sie in der ELAN-Praxis an Schulen mittlerweile mit Programmpaketen von mehr als 1000 Zeilen entstanden sind.
Im Anhang werden lediglich die Titel einiger ELAN-Projekte mitgeteilt. Alle Beispiele stammen aus dem Schulunterricht und sind mehrfach erprobt. Der Anhang enthält ferner eine systematische Kurzdarstellung der Sprache ELAN.

I. Ganz kleine Beispiele.

1. Kolonnenschreiben eines Zahlenfeldes.

Die natürlichen Zahlen von 1 bis 100 sollen als 10 – spaltige Tabelle bündig geschrieben werden. Wir benützen den Operator "MOD" für den rechtzeitigen Beginn einer neuen Zeile und die Prozedur "text (INT CONST zahl, laenge)" für die bündige Darstellung. Das Ergebnis soll wie folgt aussehen:

```
INT VAR zahl ;
FOR zahl FROM 1 UPTO 100 REP
  schreibe zahl ;
  IF ist letzte zahl einer zeile
    THEN line
  FI
ENDREP .

schreibe zahl : put (text (zahl, 4)) .

ist letzte zahl einer zeile : zahl MOD 10 = 0 .
```

Ausgabe :

```
   1   2   3   4   5   6   7   8   9  10
  11  12  13  14  15  16  17  18  19  20
  21  22  23  24  25  26  27  28  29  30
  31  32  33  34  35  36  37  38  39  40
  41  42  43  44  45  46  47  48  49  50
  51  52  53  54  55  56  57  58  59  60
  61  62  63  64  65  66  67  68  69  70
  71  72  73  74  75  76  77  78  79  80
  81  82  83  84  85  86  87  88  89  90
  91  92  93  94  95  96  97  98  99 100
```

2. Sperrung eines Textes.

Ein Text wird eingelesen; er soll danach gesperrt geschrieben wieder ausgegeben werden. Dabei tritt auch an die Stelle eines einzigen Leerzeichens ein doppeltes Leerzeichen.
Zur Realisierung benützen wir den Operator "SUB", der uns erlaubt, auf ein einzelnes Zeichen des Satzes zuzugreifen. Die Prozedur "put" erzeugt das zusätzliche Leerzeichen von selbst als Trennung von der nächsten Ausgabe.

```
hole text ;
drucke text gesperrt aus .

hole text :
  put ("Gewünschter Satz?") ;
  TEXT VAR satz ;
  getline (satz) .

drucke text gesperrt aus :
  INT VAR position ;
  FOR position FROM 1 UPTO length(satz)
  REP
    put (satz SUB position)
  ENDREP .
```

Eingabe: Heute haben wir schönes Wetter, obwohl schlechtes angekündigt war.

```
Ausgabe: H e u t e   h a b e n   w i r   s c h ö n e s   W e t t e r ,
         o b w o h l   s c h l e c h t e s   a n g e k ü n d i g t
         w a r .
```

3. Wir schreiben einen "Tannenbaum".

Irgendein Name soll in der ersten Zeile einmal, in der zweiten zweimal, in der dritten dreimal usw. bis zur 7 - ten Zeile geschrieben werden. Dadurch entsteht ein Dreieck, das anschließend wieder nach und nach zurückgenommen wird; auf diese Weise entsteht ein waagerecht liegender "Tannenbaum".
Weil hier die Anzahl der Wiederholungen bekannt ist, benützen wir zählergesteuerte Schleifen. Ein Text läßt sich mit dem * - Operator vervielfachen.
Bei Eingabe des Wortes "Baum" entsteht folgendes Bild:

```
hole namen ;
immer mehr worte ;
immer weniger worte .

hole namen :
  line ;
  put ("Welcher Name?") ;
  TEXT VAR name; get (name) .

immer mehr worte :
  INT VAR i ;
  FOR i FROM 1 UPTO 5 REP
    putline (i * (name + " "))
  ENDREP .

immer weniger worte :
  FOR i FROM 6 DOWNTO 1 REP
    putline (i*(name + " "))
  ENDREP .
```

Eingabe: Baum
Ausgabe:

```
Baum
Baum Baum
Baum Baum Baum
Baum Baum Baum Baum
Baum Baum Baum Baum Baum
Baum Baum Baum Baum
Baum Baum Baum
Baum Baum
Baum
```

4. Wir zeichnen Umrahmungen.

Für irgendeinen Text soll eine einfache Umrahmung gezeichnet werden, die aus Sternchen besteht.

```
erfrage satz ;
gib ihn mit rahmen aus .

erfrage satz :
  TEXT VAR satz ;
  put ("Bitte gib einen Satz ein:") ;
  getline (satz) ;
  line .

gib ihn mit rahmen aus :
  balken ;
  line ;
  rand; put (satz); rand ;
  line ;
  balken ;
  line .

rand :  put ("*") .

balken :  put ((LENGTH satz + 4) * "*") .
```

```
Eingabe :   Heute ist Sonntag

Ausgabe : *********************
          * Heute ist Sonntag *
          *********************
```

5. Zahlenfeld mit besonderen Bedingungen.

In ein Zahlenfeld sollen wie im ersten Beispiel kolonnenweise natürliche Zahlen geschrieben werden. Jedoch sollen alle durch 7 teilbaren Zahlen und alle solche, deren Quersumme durch 7 teilbar ist, durch "*****" ersetzt werden.
Die Relation "a teilt b" läßt sich durch "b MOD a = 0" gut nachbilden. Für die Berechnung der Quersumme wird eine Ziffernabtrennung notwendig, die hier sowohl iterativ wie rekursiv angegangen wird.

```
erfrage abmessungen ;
schreibe zahlenfeld .

erfrage abmessungen :
  put ("Bis zu welcher Zahl?") ;
  INT VAR maximale zahl; get (maximale zahl) ;
  put ("Wieviele Zahlen pro Zeile?") ;
  INT VAR zahlen pro zeile; get (zahlen pro zeile) .

schreibe zahlenfeld :
  INT VAR zahl ;
  FOR zahl FROM 1 UPTO maximale zahl REP
    schreibe zahl oder sterne ;
    IF zahl MOD zahlen pro zeile = 0
      THEN line
    FI
  ENDREP .

schreibe zahl oder sterne :
  IF zahl MOD 7 = 0 OR quersumme der zahl MOD 7 = 0
    THEN put ("*****")
    ELSE put (text (zahl, 5)) ;
  FI .

quersumme der zahl :
  INT VAR ziffernfolge :: zahl,
          quersumme :: 0 ;
  WHILE ziffernfolge > 0 REP
    addiere eine ziffer ;
    streiche die ziffer
  ENDREP ;
  quersumme .
```

```
addiere eine ziffer : quersumme INCR ziffernfolge MOD 10 .
streiche die ziffer : ziffernfolge := ziffernfolge DIV 10 .
```

```
Eingabe : Bis zu welcher Zahl ?       180
          Wieviele Zahlen pro Zeile ? 10

Ausgabe :

    1     2     3     4     5     6 *****     8     9    10
   11    12    13 *****    15 *****    17    18    19    20
*****    22    23     4 *****    26    27 *****    29 *****
   31    32    33 ***** *****    36    37    38    39    40
   41 ***** *****    44    45    46    47    48 *****    50
   51 *****    53    54    55 *****    57    58 *****    60
*****    62 *****    64    65    66    67 *****    69 *****
   71    72    73    74    75    76 *****    78    79    80
   81    82    83 *****    85 *****    87    88    89    90
*****    92    93    94 *****    96    97 *****    99   100
  101   102   103   104 ***** *****   107   108   109   110
  111 *****   113   114 *****   116   117   118 *****   120
  121   122   123 *****   125 *****   127   128   129   130
  131   132 *****   134   135   136   137   138   139 *****
  141 *****   143   144   145   146 *****   148 *****   150
*****   152   153 *****   155   156   157 *****   159 *****
*****   162   163   164   165   166 ***** *****   169   170
  171   172   173   174 ***** *****   177   178   179   180
```

Man könnte auch eine rekursive Prozedur zur Berechnung der Quersumme verwenden. Dann muß im Programm

```
quersumme der zahl MOD 7 = 0
```

durch

```
quersumme (zahl) MOD 7 = 0
```

ersetzt werden. Entsprechend wird anstelle des Refinements 'quersumme der zahl' die folgende Prozedur eingesetzt:

```
INT PROC quersumme (INT CONST zahl) :

  IF   zahl < 0 THEN quersumme (-zahl)
  ELIF zahl < 10 THEN zahl
  ELSE                zahl MOD 10 + quersumme (zahl DIV 10)
  FI

END PROC quersumme .
```

6. Würfel – Histogramm.

Unter einem Histogramm versteht man eine graphische Ausgabe eines statistischen Sachverhaltes. Wie oft treten die 6 Augenzahlen bei 600 Würfen eines guten Würfels auf? Die Problemlösung stellt zugleich einen Test für den ganzzahligen Zufallsgenerator dar.
Wir benützen hier der Einfachheit halber ein waagerecht liegendes Histogramm aus Zeichen "*" in geeignetem Maßstab.

Um das Ergebnis zu beurteilen, kann man den Chiquadrattest einsetzen. (Vgl. die entsprechende Aufgabe im Buch).

```
richte statistik ein ;
erfrage anzahl der wuerfe ;
wuerfele ;
drucke statistik aus .

richte statistik ein :
  ROW 6 INT VAR histogramm :: ROW 6 INT : (0,0,0,0,0,0) .

erfrage anzahl der wuerfe :
  put ("Wieviel Würfe sollen durchgeführt werden?") ;
  INT VAR anzahl der wuerfe; get (anzahl der wuerfe) .

wuerfele :
  INT VAR wurf ;
  FOR wurf FROM 1 UPTO anzahl der wuerfe REP
    histogramm [random (1, 6)] INCR 1
  ENDREP .

drucke statistik aus:
  page ;
  putline ("Ergebnis-Histogramm:") ;
  INT VAR i ;
  FOR i FROM 1 UPTO 6 REP
    put (i) ;
    put ((histogramm [i] DIV treffer pro stern) * "*") ;
    put (histogramm [i]); line ;
  ENDREP .
```

```
treffer pro stern :     anzahl der wuerfe DIV (schirmbreite * 3) .
schirmbreite :          80 .
```

Ausgabe für 600 Würfe :

```
1 *************************************************** 103
2 ********************************************* 91
3 **************************************************** 105
4 ************************************************** 100
5 ***************************************************** 107
6 *********************************************** 94
```

7. Noch ein Würfelproblem.

Wie oft wirft man "13" als Augensumme von drei Würfen bei insgesamt 3000 Würfen? Wir simulieren mit dem ganzzahligen Zufallsgenerator.

```
INT VAR erfolg :: 0, wurf ;
FOR wurf FROM 1 UPTO 1000
REP
  IF gewuerfelte augensumme = 13
    THEN erfolg INCR 1
  FI
ENDREP ;
gib ergebnis aus .

gewuerfelte augensumme :
  random (1, 6) + random (1, 6) + random (1, 6) .

gib ergebnis aus :
  line ;
  put ("Die Summe 13 wurde bei 1000 Würfen mit jeweils 3 Würfeln") ;
  put (erfolg) ;
  put ("mal erhalten.")
```

Ausgabe :
Die Summe 13 wurde bei 1000 Würfen mit jeweils 3 Würfeln 95 mal erhalten.

8. Ein lustiges Zoospiel.

Ein Zoo besitzt 10 Tiere. Ihre Namen bestehen aus zwei Bestandteilen wie "Rot - Kehlchen", "Blau - Wal", "Brillen - Schlange" usw., und vielleicht kommt auch ein hohes Tier wie "Regierungs - Direktor" vor. Als die Wärter vergessen hatten, die Türen zu schließen, kreuzten sich alle zufällig: das ergab viele neue Namen...

```
INT VAR kreuzung ;
FOR kreuzung FROM 1 UPTO 50 REP
  put (vorname + nachname)
ENDREP .

vorname :
  SELECT random (1, 10) OF
    CASE 1 : "Rot"
    CASE 2 : "Blau"
    CASE 3 : "Brillen"
    CASE 4 : "Brüll"
    CASE 5 : "Regierungs"
    CASE 6 : "Maul"
    CASE 7 : "Haus"
    CASE 8 : "Grau"
    CASE 9 : "Riesen"
    CASE 10: "Ameisen"
  OTHERWISE: ""
  ENDSELECT .

nachname :
  SELECT random (1, 10) OF
    CASE 1 : "kehlchen"
    CASE 2 : "wal"
    CASE 3 : "schlange"
    CASE 4 : "affe"
    CASE 5 : "direktor"
    CASE 6 : "esel"
    CASE 7 : "schwein"
    CASE 8 : "schimmel"
    CASE 9 : "vogel"
    CASE 10: "bär"
  OTHERWISE: ""
  ENDSELECT .
```

Ausgabe :

Riesenesel Blauwal Brüllaffe Brillenkehlchen Blaukehlchen Brüllesel Mauldirektor Brüllkehlchen Hausschwein Graudirektor Rotaffe Regierungsschimmel Ameisenesel Ameisenesel Riesenesel Blaudirektor Riesenschimmel Rotkehlchen Maulschlange Regierungsbär Riesenschwein Regierungsesel Maulkehlchen Blauschwein Rotkehlchen Brüllschimmel Regierungsesel Maulesel Ameisenschlange Regierungsvogel Riesenaffe Riesenwal Blauvogel Rotbär Rotschimmel Regierungskehlchen Ameisenesel Regierungsaffe Maulaffe Blauschwein Ameisenvogel Grauvogel Regierungsschimmel Grauesel Regierungsdirektor Maulvogel Blaubär Rotesel Maulwal Grauschimmel

Mithilfe von ROWs können wir das Spiel auch so programmieren, daß man den Zoo bei jedem Lauf mit Tieren beschicken kann. Dabei müssen Vor- und Nachnamen durch ein Blank getrennt eingegeben werden:

```
errichte den zoo ;
kreuze die tiere 50 mal zufaellig .

errichte den zoo :
  ROW 10 TEXT VAR vornamen ;
  ROW 10 TEXT VAR nachnamen ;
  INT VAR i ;
  FOR i FROM 1 UPTO 10 REP
    put (i) ;
    get (vornamen [i]) ;
    get (nachnamen [i])
  ENDREPEAT .

  ENDREP .

kreuze die tiere 50 mal zufaellig :
  FOR i FROM 1 UPTO 50 REP
    put (vornamen [random (1, 10)] + nachnamen [random (1, 10)])
  ENDREP .
```

9. Printreverse.

Printreverse ist die einfachste rekursive Prozedur, weil sie parameterlos arbeitet, keine Werte liefert und nur eine einfache Zahlen- oder Textverarbeitung leistet: eingegebene Objekte werden dann in umgekehrter Reihenfolge ausgegeben, wenn ein vereinbartes Zeichen als letztes eingegeben worden ist.
Wie man im kurzen Programm sofort sieht, kann die Ausgabe-Prozedur erst erreicht werden, wenn die innerste geschachtelte Prozedur den rekursiven Aufruf einer weiteren Prozedur übersprungen hat. Dann besitzt jedoch die Prozedur "put" einen Parameter aus der zuletzt erfolgten Eingabe.

Wir arbeiten hier mit Texten und nehmen "Ende" als vereinbarten letzten Text, bei dem der Rekursionsausstieg erfolgt.

```
PROC printreverse :
  TEXT VAR wort ;
  get(wort) ;
  IF wort <> "Ende"
    THEN printreverse
  FI ;
  put (wort)
END PROC printreverse ;

printreverse
```

Eingabe : *Anton Berta Caesar Dora Emil Ende*
Ausgabe : *Ende Emil Dora Caesar Berta Anton*

10. Ulams zahlentheoretisches Spiel.

Der Zahlentheoretiker Ulam fand, daß eine Folge von natürlichen Zahlen immer auf 1 endet, wenn man sie nach Eingabe einer beliebigen Startzahl folgender Vorschrift unterwirft:

a) eine gerade Zahl wird durch 2 dividiert
b) eine ungerade Zahl wird mit 3 multipliziert, dann wird 1 addiert

Ein Beweis für das Terminieren dieser Abarbeitungsvorschrift ist bis heute nicht erbracht worden. Der Leser kann auch andere Verarbeitungsvorschriften und die dann auftretenden Perioden untersuchen.

```
gib eine natuerliche zahl ein ;
WHILE zahl <> 1 REP
  ulamme die zahl ;
  put (zahl)
ENDREP .

gib eine natuerliche zahl ein :
  line; put ("Startzahl?") ;
  INT VAR zahl; get (zahl) .

ulamme die zahl :
  IF zahl ist gerade
    THEN zahl := zahl DIV 2
    ELSE zahl := 3 * zahl + 1
  FI .

zahl ist gerade : zahl MOD 2 = 0 .
```

Eingabe : 25
Ausgabe : 76 38 19 58 29 88 44 22 11 34 17 52 26 13 40
20 10 5 16 8 4 2 1 .

II. Kleine Programme aus dem kaufmännischen Bereich.

11. Fahrkartenautomat I.

Der Fahrkartenautomat ist für den Anfänger ein dankbares Übungsbeispiel. Er läßt sich mehrfach ausbauen. Im ersten Zugang soll eine Fahrkarte erstanden werden, ohne daß der einzuzahlende Betrag oder das Wechselgeld nach Münzen im einzelnen differenziert werden. Der Einfachheit halber wird bei diesem ersten Modell nur mit ganzzahligen Fahrpreisen, Einzahlungen und Rückzahlungen gearbeitet.

```
erfrage fahrpreis vom kunden ;
fordere geld bis fahrpreis gedeckt ;
stelle fahrkarte aus ;
gib wechselgeld zurueck .

erfrage fahrpreis vom kunden :
  putline ("Welche Fahrkarte wollen Sie haben?") ;
  put ("Bitte Preis eingeben!") ;
  INT VAR fahrpreis ;
  get(fahrpreis) .

fordere geld bis fahrpreis gedeckt :
  nimm vollen fahrpreis als forderung ;
  WHILE noch geld zu fordern REP
    fordere geld vom kunden ;
    nimm einen betrag ;
    vermindere entsprechend forderung
  ENDREP .

nimm vollen fahrpreis als forderung :
  INT VAR forderung :: fahrpreis .
```

```
noch geld zu fordern :
  forderung > 0 .

fordere geld vom kunden :
  line ;
  put ("Bitte zahlen Sie noch") ;
  put (forderung) ;
  put ("DM") .

nimm einen betrag :
  line ;
  put ("Betrag?") ;
  INT VAR betrag; get(betrag) .

vermindere entsprechend forderung :
  forderung DECR betrag .

stelle fahrkarte aus :
  line ;
  put ("------Fahrkarte------ Wert:") ;
  put (fahrpreis); put ("DM") ;
  put ("------") ;
  line .

gib wechselgeld zurueck :
  line ;
  put ("Vielen Dank!") ;
  IF forderung < 0
    THEN put ("Sie erhalten") ;
         put (forderung); put ("DM zurueck")
  FI ;
  line .
```

Eingabe- und Ausgabe-Dialog :

```
  Welche Fahrkarte wollen Sie haben?
  Bitte Preis angeben!
              53
  Bitte zahlen Sie noch 53 DM
  Betrag?     50
  Bitte zahlen Sie noch 3 DM
  Betrag?     5
  ------Fahrkarte------ Wert: 53 -----
  Vielen Dank
  Sie erhalten 2 DM zurueck.
```

12. Fahrkartenautomat II.

Im zweiten Modell bleiben wir zwar noch bei ganzzahligen Beträgen, realisieren aber ein Münzdepot, aus dem ggf. die Rückzahlungen vorgenommen werden. Wir beschränken uns auf Einzahlungen in 5 – , 2 – und 1 – DM – Münzen sowie entsprechende Rückzahlungen solange der Vorrat reicht. Der immerwährende Betrieb wird durch eine Endlosschleife dargestellt, der Abbruch erfolgt über die Tastatur. Wer will, kann den Fall, daß kein Wechselgeld mehr im Münzdepot vorhanden ist, über ein Refinement so regeln, daß schon am Anfang eine Meldung "Bitte genau einzahlen" ausgegeben wird.

```
beginne mit leerem muenzdepot ;
REP
  erfrage fahrpreis vom kunden ;
  fordere muenzen bis fahrpreis gedeckt ;
  stelle fahrkarte aus ;
  gib wechselgeld zurueck
ENDREP .

beginne mit leerem muenzdepot :
  INT VAR fuenfer :: 0, zweier :: 0, einer :: 0 .

fordere muenzen bis fahrpreis gedeckt :
  nimm vollen fahrpreis als forderung ;
  WHILE noch geld zu fordern REP
    fordere geld vom kunden ;
    nimm eine muenze ;
    vermindere forderung um muenzbetrag
  ENDREP .

erfrage fahrpreis vom kunden :
  line ;
  put ("Wieviel soll Ihre Fahrkarte kosten (in DM)?") ;
  INT VAR fahrpreis; get(fahrpreis) .

nimm vollen fahrpreis als forderung :
  INT VAR forderung := fahrpreis .

noch geld zu fordern :
  forderung > 0 .
```

```
fordere geld vom kunden :
  put ("Bitte zahlen Sie ") ;
  put (forderung); put ("DM") ;
  line .

nimm eine muenze :
  put ("Muenzeinwurf (1/2/5-DM):") ;
  INT VAR muenzbetrag; get (muenzbetrag) ;
  IF   muenzbetrag = 1 THEN einer INCR 1
  ELIF muenzbetrag = 2 THEN zweier INCR 1
  ELIF muenzbetrag = 5 THEN fuenfer INCR 1
  ELSE put("Ungueltige Muenze!"); line ;
       muenzbetrag := 0
  FI.

vermindere forderung um muenzbetrag :
  forderung DECR muenzbetrag .

stelle fahrkarte aus :
  line ;
  put ("------Fahrkarte------ Wert:") ;
  put (fahrpreis); put("DM") ;
  put ("------") ;
  line .

gib wechselgeld zurueck :
  IF forderung < 0
    THEN put ("Ihr Wechselgeld:") ;
         gib soweit moeglich fuenfer zurueck ;
         gib soweit moeglich zweier zurueck ;
         gib soweit moeglich einer zurueck ;
         IF forderung < 0
           THEN put ("Kein Wechselgeld mehr da")
         FI ;
         line(2)
  FI .

gib soweit moeglich fuenfer zurueck :
  WHILE forderung <= -5 AND fuenfer > 0 REP
        put ("5 DM") ;
        forderung INCR 5
  ENDREP.
```

```
gib soweit moeglich zweier zurueck :
  WHILE forderung <= -2 AND zweier > 0 REP
        put ("2 DM") ;
        forderung INCR 2
  ENDREP .

gib soweit moeglich einer zurueck :
  WHILE forderung <= -1 AND einer > 0 REP
        put ("1 DM") ;
        forderung INCR 1
  ENDREP .
```

13. Fahrkartenautomat III.

Man kann den Fahrkartenautomaten auch in anderer Richtung komfortabler machen. Wenn das ROW-Konzept schon bekannt ist, ergibt sich eine ziemlich kompakte Darstellung, welche sowohl Orte bzw. Tarifklassen berücksichtigt wie das geltende Münzsystem.
Natürlich lassen sich die Konzepte aus der Darstellung II und der Darstellung III zusammenbringen. Wer an einem weiterführenden Projekt interessiert ist, kann den so ausgestatteten Automaten in ein Parkhaus setzen und dessen Decks sowie Ankunft und Abfahrt der Autos per Computer verwalten.

```
erfrage fahrziel ;
fordere einzahlung solange noetig ;
gib fahrkarte ;
gib wechselgeld .

erfrage fahrziel :
  REP
    line ;
    putline ("Wohin wollen Sie fahren?") ;
    put ("Adorf/Behausen/Cedorf/Desen/Estadt?") ;
    TEXT VAR name; get (name) ;
  UNTIL den ort gibt es ENDREP .

den ort gibt es :
  INT VAR ortsindex :: 1 ;
  WHILE ortsindex < 5 REP
    put (ort) ;
    IF name = ort
      THEN LEAVE den ort gibt es WITH TRUE
    FI ;
    ortsindex INCR 1
  ENDREP ;
  FALSE .
```

```
fordere einzahlung solange noetig :
  REAL VAR betrag :: 0.0 ;
  line; put ("Fahrpreis:"); put (preis) ;
  REP
    putline ("Bitte zahlen!") ;
    REAL VAR einzahlung ;
    get (einzahlung) ;
    betrag INCR einzahlung
  UNTIL betrag >= preis ENDREP .

gib fahrkarte :
  line (2) ;
  putline ("Hier ist Ihre Fahrkarte.") .

gib wechselgeld :
  WHILE betrag > preis REP
    zahle groesstmoegliche muenze zurueck
  ENDREP .

zahle groesstmoegliche muenze zurueck :
  INT VAR muenzklasse :: 5 ;
  WHILE diese muenze > betrag - preis REP
    muenzklasse DECR 1
  ENDREP ;
  put (diese muenze); put ("DM") ;
  betrag DECR diese muenze .

ort :
  ROW 5 TEXT:("Adorf","Behausen","Cedorf","Desen","Estadt") [ortsindex] .

preis:
  ROW 5 REAL:(2.70, 3.80, 1.50, 2.40, 4.80) [ortsindex] .

diese muenze :
  ROW 5 REAL:(5.00, 2.00, 1.00, 0.50, 0.10) [ortsindex] .
```

14. Kapitalverzinsung.

Der berühmte Pfennig zu Christi Geburt oder andere Kapitalverzinsungen sind immer Gegenstand von Zinseszinsrechnungen über geschlossene Formeln gewesen. Jedoch interessiert man sich auch für den Prozeß über die einzelnen Jahre. Dann reicht die einfache Zinsrechnung.

```
hole kapital und bedingungen ;
verzinse jahresweise ;
gib endergebnis aus .

hole kapital und bedingungen :
  put ("Startkapital?") ;
  REAL VAR startkapital; get (startkapital) ;
  put ("Zinssatz?") ;
  REAL VAR zins; get (zins) ;
  put ("Dauer in ganzen Jahren?") ;
  INT VAR laufzeit; get (laufzeit) .

verzinse jahresweise :
  beginne mit startkapital ;
  INT VAR jahr ;
  FOR jahr FROM 1 UPTO laufzeit REP
    put (text (jahr, 5)); put ("    ") ;
    berechne zinsen ;
    schlage zinsen zu
  ENDREP .

beginne mit startkapital :
  REAL VAR kapital := startkapital .

berechne zinsen :
  REAL VAR zinsen :: kapital * zins / 100.0 ;
  put (text (text (zinsen), 10)) .

schlage zinsen zu :
  kapital INCR zinsen ;
  putline (text (text (kapital), 10)) .
```

```
gib endergebnis aus :
  line (2) ;
  put ("Das Endkapital betraegt:") ;
  put (kapital); putline ("DM.") ;
  put ("Insgesamt wurden") ;
  put (kapital - startkapital) ;
  put ("DM Zinsen erzielt.") .
```

Eingabe: Kapital 12000 DM, Zinssatz 4%, Laufzeit 20 Jahre

Ausgabe:

```
 1     480.        12480.
 2     499.2       12979.2
 3     519.168     13498.37
 4     539.9347    14038.3
 5     561.5321    14599.83
 6     583.9934    15183.83
 7     607.3531    15791.18
 8     631.6473    16422.83
 9     656.9131    17079.74
10     683.1897    17762.93
11     710.5173    18473.45
12     738.9379    19212.39
13     768.4955    19980.88
14     799.2353    20780.12
15     831.2047    21611.32
16     864.4529    22475.77
17     899.031     23374.81
18     934.9922    24309.8
19     972.3919    25282.19
20     1011.288    26293.48


Das Endkapital betraegt: 26293.48 DM.
Insgesamt wurden 14293.48 DM Zinsen erzielt.
```

15. Rechnungslegung.

Aus einer begrenzten Warenliste mit Preisangaben soll eingekauft und anschließend eine Rechnung ausgestellt werden. Die Datei "Warenliste" enthält für jeden Artikel eine Zeile, die aus Artikelnamen und Stückpreis besteht. Beide Angaben sind durch Blank getrennt.
Bei der Erstellung der Rechnung gehen wir von bestimmten Höchstsummen aus, um bündige Darstellung bei den Beträgen zu erreichen. Die Rechnung wird auf den Bild–schirm und in eine Rechnungsdatei geschrieben, die später ausgedruckt werden kann.

```
lies warenliste und stueckpreise ein ;
REP
  erfrage den einkauf ;
  erstelle die rechnung
UNTIL yes ("alles richtig") ENDREP ;
schreibe rechnung in datei .

lies warenliste und stueckpreise ein :
  LET artikelzahl = 3 ;
  FILE VAR warendatei :: sequentialfile (input,"Warenliste") ;
  ROW artikelzahl TEXT VAR artikelname ;
  ROW artikelzahl REAL VAR stueckpreis ;
  INT VAR i ;
  FOR i FROM 1 UPTO artikelzahl REP
    get (warendatei, artikelname [i]) ;
    get (warendatei, stueckpreis [i])
  ENDREP .

erfrage den einkauf :
  ROW artikelzahl INT VAR stueckzahl ;
  FOR i FROM 1 UPTO artikelzahl REP
    put (artikelname [i]) ;
    put ("Wieviel Stueck?") ;
    get (stueckzahl [i])
  ENDREP .

schreibe rechnung in datei :
  sysout ("Rechnungen") ;
  erstelle die rechnung ;
  sysout ("") .
```

```
erstelle die rechnung :
  REAL VAR summe :: 0.0 ;
  erzeuge ueberschrift ;
  FOR i FROM 1 UPTO artikelzahl REP
    IF ware eingekauft
      THEN erzeuge rechnungszeile ;
           summe INCR warenwert
    FI
  ENDREP;
  erzeuge schlussbilanz.

erzeuge ueberschrift :
  page ;
  putline (12 * " "+"R E C H N U N G") ;
  line (2) .

erzeuge rechnungszeile :
  putline (text (stueckzahl  [i], 2)     + " " +
           text (artikelname [i], 11)    + 7 * " "+" zu  " +
           text (stueckpreis [i], 6, 2) + 16 * " " +
           text (warenwert, 6, 2)) .

erzeuge schlussbilanz :
  putline (29 * "_") ;
  putline ("Summe:" + 40 * " " + text (summe,8,2)) ;
  line (2) .

ware eingekauft : stueckzahl [i] <> 0 .

warenwert: round (real (stueckzahl [i]) * stueckpreis [i], 2) .
```

```
Bei der Warenliste

          Bauklötze 2.30
          Knallfrösche 3.40
          Kaugummi 1.53

und den eingegebenen Stückzahlen
3   4   5
ergibt sich die Ausgabe :

     R E C H N U N G


3 Bauklötze          zu   2.30              6.90
4 Knallfrösche       zu   3.40             13.60
5 Kaugummi           zu   1.53              7.65
--------------------------------------------------
Summe:                                     28.15
```

Natürlich kann die Rechnung durch Ausweisung einer bereits enthaltenen Mehrwertsteuer oder durch Addition einer solchen ergänzt werden. Für Textübungen geben Firmenkopf, Angabe der Kontonummern und Zahlungsbedingungen hinreichend Gelegenheit.

16. Hypothekentilgung.

Ein Hypothekendarlehen von 45000.00 DM wird zu 94.5 % ausbezahlt (Disagio). Es soll mit 7 % verzinst und mit 1 % getilgt werden. Die monatliche Leistung beträgt 300 DM. Ein Abzahlungsplan ist aufzustellen.
Wegen der 30-jährigen Laufzeit verzichten wir auf die Wiedergabe des Ausdrucks. Der Gesamtzinsbetrag liegt um 19953.26 DM höher als der Auszahlungsbetrag.

```
setze konditionen fest ;
nimm kredit auf ;
REP
  zum naechsten monat ;
  zahle eine rate
UNTIL schulden < monatsrate ENDREP ;
gib schlussbilanz .

setze konditionen fest :
  LET darlehen         = 45000.00 ,
      auszahlungssatz = 0.94 ,
      zinssatz         = 0.07 ,
      tilgungssatz     = 0.01 .

nimm kredit auf :
  REAL VAR schulden    :: darlehen ,
           auszahlung :: darlehen * auszahlungssatz ,
           monatsrate :: darlehen * (zinssatz + tilgungssatz)/12.0 ,
           gezahlte zinsen :: 0.0 ;
  INT VAR jahr :: 1, monat :: 0 .

zum naechsten monat :
  IF monat < 12
    THEN monat INCR 1
    ELSE jahr  INCR 1; monat := 1
  FI ;
  put (text (monat, 2) + "/" + text (jahr, 2) + " :   ") .

zahle eine rate :
  gezahlte zinsen INCR zinsen ;
  schulden DECR tilgung ;
  put ("Zinsen: " + text (zinsen, 6, 2)) ;
  put ("Restschuld: " + text (schulden, 8, 2)) ;
  line .
```

```
zinsen :  round (schulden * zinssatz/12.0, 2) .

tilgung : round (monatsrate - zinsen, 2) .

gib schlussbilanz :
  line ;
  putline ("Abschlußrate:   " + text (schulden,       10, 2) + " DM") ;
  line (3) ;
  putline ("gesamte Zinsen: " + text (gezahlte zinsen,10, 2) + " DM") ;
  putline ("Auszahlung:     " + text (auszahlung,     10, 2) + " DM") .
```

III. SPIELE MIT ZAHLEN .

17. Der Euklidische Algorithmus.

Der Euklidische Algorithmus in seiner klassischen rekursiven Form läßt sich in ELAN in eleganter Kürze darstellen.

```
INT PROC ggt (INT CONST a,b) :
  IF b = 0
    THEN a
    ELSE ggt (b, a MOD b)
  FI
END PROC ggt;
```

Wenn man die Rekursion, obwohl sie hier i.a. nur eine ganz geringe Tiefe hat, vermeiden will, kann man auch schreiben:

```
INT PROC ggt 1 (INT CONST a,b) :
  INT VAR b kopie := b, a kopie := a ;
  WHILE b kopie <> 0 REP
    INT VAR rest := a kopie MOD b kopie ;
    a kopie := b kopie ;
    b kopie := rest
  END REP ;
  a kopie
END PROC ggt 1;
```

Eingabe: put (ggt 1 (18, 12))
Ausgabe: 6.

Beim Lesen dieser Notation des Algorithmus fällt der Verlust an Klarheit gegenüber dem rekursiven Algorithmus auf.

18. Das kleinste gemeinsame Vielfache.

Das kleinste gemeinsame Vielfache, kurz kgv, findet man unter Nutzung der Prozedur "ggt" am einfachsten nach dem Satz

$$ggt\ (a,b) * kgv\ (a,b) = a * b$$

Danach kann man schreiben:

```
INT PROC kgv (INT CONST a,b) :
  a * b DIV ggt (a,b)
END PROC kgv;
```

Eingabe: put (kgv (712,22))
Ausgabe: 7832

Wenn man eine vom ggt unabhängige Prozedur für das kgv schreiben will, kann man sich an die Aufgabe erinnern, daß Vater und Sohn mit unterschiedlichen Schrittweiten gleichzeitig antreten und sich fragen, wann sie wieder im Gleichschritt sind:

```
INT PROC kgv (INT CONST vaters schritt, sohnes schritt) :
  vater und sohn machen den ersten schritt ;
  WHILE vaters ort <> sohnes ort REP
    der zurueckliegende macht einen schritt
  ENDREP ;
  vaters ort .

vater und sohn machen den ersten schritt :
  INT VAR
  vaters ort :: vaters schritt ,
  sohnes ort :: sohnes schritt .

der zurueckliegende macht einen schritt :
  IF sohnes ort < vaters ort
    THEN sohnes ort INCR sohnes schritt
    ELSE vaters ort INCR vaters schritt
  FI .

ENDPROC kgv ;
```

Eine Umkehrung des Grundgedankens oder auch der leicht einzusehende Sachverhalt ggt (a, b) = ggt (a − b, b) für a > b führen in Ergänzung des vorigen Beispiels auf eine weitere Prozedur für den ggt:

```
INT PROC ggt (INT CONST a,b) :
  IF a > b
    THEN ggt (b, a - b)
  ELIF a < b
    THEN ggt (a, b - a)
  ELSE a
  FI
END PROC ggt;
```

In naheliegender Weise werden ggt-Prozeduren z.B. eingesetzt für den ggt von mehr als zwei Zahlen und für Bruchkürzungen. Eine fortgeschrittene Anwendung bezieht sich auf den ggt von 2 komplexen Zahlen mit ganzzahligem Real- und Imaginärteil (Gaußsche Zahlen) unter Verwendung des Datentyps COMPLEX aus dem erweiterten ELAN-Standard. Ferner sind alle linearen diophantischen Gleichungen, wie sie in Denkaufgaben häufig vorkommen, über Variationen des Euklidischen Algorithmus lösbar.

19. Primzahlen und Primzahlzwillinge.

Zur Aussonderung der Primzahlen aus den natürlichen Zahlen gibt es unterschiedlich effiziente Algorithmen. Wir stellen hier ein einfaches Verfahren dar. Weil neben dem Teiler immer noch ein Komplementärteiler existiert, braucht nur bis zur Quadratwurzel aus der Zahl abgesucht werden. Gerade Zahlen und damit auch gerade Teiler brauchen nicht betrachtet zu werden.

```
INT VAR zahl :: 3 ;
WHILE zahl <= 1000 REP
  drucke zahl falls sie primzahl ist ;
  zahl INCR 2
ENDREP .

drucke zahl falls sie primzahl ist :
  INT VAR teiler :: 3 ;
  WHILE teiler * teiler <= zahl REP
    IF zahl teilbar
      THEN LEAVE drucke zahl falls sie primzahl ist
    FI ;
    teiler INCR 2
  END REPEAT ;
  put (zahl) .

zahl teilbar : zahl MOD teiler = 0 .
```

Primzahlzwillinge sind Primzahlen mit der Differenz 2. Um sie zu finden, erweitern wir das letzte Programm:

```
INT VAR zahl :: 3 ,
        letzte bekannte primzahl :: 2 ;
WHILE zahl < 1000 REP
  IF zahl ist primzahl
    THEN vielleicht zwilling ;
         letzte bekannte primzahl := zahl
  FI ;
  zahl INCR 2
ENDREP .
```

```
zahl ist primzahl :
  INT VAR teiler :: 3 ;
  WHILE teiler * teiler <= zahl REP
    IF zahl MOD teiler = 0
      THEN LEAVE zahl ist primzahl WITH FALSE
    FI ;
    teiler INCR 2
  ENDREP ;
  TRUE .

vielleicht zwilling :
  IF zahl = letzte bekannte primzahl + 2
    THEN put (letzte bekannte primzahl) ;
         put (zahl) ;
         line
  FI .
```

Ausgabe:

```
3  5
5  7
11 13
17 19
29 31   ....
```

Wenn p1, p2, p3, p4 usw. die ersten Primzahlen sind und p eine weitere größere Primzahl darstellt, so sind die p − 1 Zahlen

```
z2 = p1 * p2 * p3 * .... * p  + 2
z3 = p1 * p2 * p3 * .... * p  + 3
.................................
zp = p1 * p2 * p3 * .... * p +  p
```

allesamt durch mindestens eine Primzahl teilbar; mit anderen Worten: auf diese Weise (und indem man zweckmäßig das LONGINT-Paket aus dem erweiterten ELAN-Standard einsetzt) kann man beliebig große Primzahllücken der Länge p − 1 erzeugen.

20. Vollkommene Zahlen.

Vollkommene Zahlen sind solche Zahlen, die gleich der Summe ihrer echten Teiler sind. Beispiel: 6 = 1 + 2 + 3.
Um das Programm effizienter zu machen, wird die Prüfung auf Vollkommenheit verlassen, wenn die Teilersumme größer als die Zahl geworden ist.

```
INT VAR zahl ;
FOR zahl FROM 2 UPTO 10000 REP
  IF zahl ist vollkommen
    THEN put (zahl)
  FI
END REP .

zahl ist vollkommen :
  INT VAR teilersumme :: 0, teiler
  FOR teiler FROM 1 UPTO zahl DIV 2 REP
    IF zahl teilbar
      THEN teilersumme INCR teiler
    FI ;
  UNTIL teilersumme > zahl ENDREP ;
  teilersumme = zahl .

zahl teilbar :  zahl MOD teiler = 0 .
```

Ausgabe: 6, 28, 496, 8128 sind vollkommene Zahlen.

Wesentlich effizienter kann man den Algorithmus gestalten, indem man ausnutzt, daß es zu jedem Teiler einen Komplementärteiler gibt (zahl = p * q). Wenn man 1 und die Wurzel der Zahl gesondert behandelt, findet man so jedesmal zwei Teiler und braucht nur bis zur Wurzel der Zahl zu suchen.

```
INT VAR zahl ;
FOR zahl FROM 2 UPTO 10000 REP
  IF zahl ist vollkommen
    THEN put (zahl)
  FI
END REP .
```

```
zahl ist vollkommen :
  INT VAR teilersumme :: 1 ,
          teiler :: 2 ;
  untersuche teiler von 2 bis vor die wurzel ;
  untersuche die wurzel ;
  teilersumme = zahl .

untersuche teiler von 2 bis vor die wurzel :
  WHILE teiler * teiler < zahl REP
    IF zahl teilbar
      THEN teilersumme INCR (teiler + zahl DIV teiler)
    FI ;
    teiler INCR 1
  UNTIL teilersumme > zahl ENDREP .

untersuche die wurzel :
  IF teiler * teiler = zahl AND zahl teilbar
    THEN teilersumme INCR teiler
  FI .

zahl teilbar :  zahl MOD teiler = 0 .
```

21. Befreundete Zahlen.

Die Teilersumme einer Zahl z sei mit ts (z) bezeichnet. Wenn dann für zwei Zahlen z1 und z2 gilt

ts (z1) = z2   und ts (z2) = z1,

insgesamt also

ts (ts (z1)) = z1,

dann heißen die beiden Zahlen z1 und z2 befreundet. (Nach dieser Definition sind die vollkommenen Zahlen mit sich selber befreundet.) Mit den Ideen der effizienteren Lösung des vorigen Beispiels konstruieren wird eine Prozedur 'teilersumme'. (Hier können wir allerdings nicht vorzeitig abbrechen, wenn die Teilersumme die Zahl übersteigt.) Der doppelte Ausdruck eines Paares wird verhindert, indem nur Paare betrachtet werden, in denen der erste Partner kleiner oder gleich dem zweiten ist.

```
INT VAR erster partner, zweiter partner ;
FOR erster partner FROM 200 UPTO 1250 REP
  zweiter partner := teilersumme (erster partner) ;
  untersuche paar
ENDREP .

untersuche paar :
  IF erster partner < zweiter partner
    THEN IF erster partner = teilersumme (zweiter partner)
           THEN put (erster partner) ;
                put (zweiter partner) ;
                line
         FI
  ELIF erster partner = zweiter partner
    THEN putline ("vollkommen: " + text (erster partner))
  FI .

INT PROC teilersumme (INT CONST zahl) :

  INT VAR summe  :: 1,
          teiler :: 2 ;
  untersuche teiler von 2 bis vor die wurzel ;
  untersuche die wurzel ;
  summe .
```

```
untersuche teiler von 2 bis vor die wurzel :
  WHILE teiler * teiler < zahl REP
    IF zahl teilbar
      THEN summe INCR (teiler + zahl DIV teiler)
    FI ;
    teiler INCR 1
  ENDREP .

untersuche die wurzel :
  IF teiler * teiler = zahl AND zahl teilbar
    THEN summe INCR teiler
  FI .

zahl teilbar : zahl MOD teiler = 0 .

ENDPROC teilersumme ;
```

Ausgabe: 220 und 284 sind befreundete Zahlen.

Man kann dasselbe Prinzip verlängern: Wenn erst eine mehrfach iterierte Teilersumme zur Ausgangszahl zurückführt, dann heißen die betreffenden Zahlen "gesellige Zahlen":

teilersumme (12496) = 14288
teilersumme (14288) = 15472 — *Die fünf Zahlen*
teilersumme (15472) = 14536 — *12496, 14288, 15472, 14536 und 14264*
teilersumme (14536) = 14264 — *sind gesellige Zahlen.*
teilersumme (14264) = 12496

22. Goldbachs Vermutung.

Goldbachs Vermutung besagt, daß jede gerade Zahl größer oder gleich sechs sich als Summe von 2 Primzahlen darstellen läßt. Unter Verwendung einer Prozedur "prim" läßt sich das Programm zur Verifizierung einfach gestalten.

```
INT VAR kandidat :: 6 ;
WHILE kandidat <= 10000 REP
  pruefe goldbachs vermutung ;
  kandidat INCR 2
ENDREP .

pruefe goldbachs vermutung :
  INT VAR erster summand :: 3 ;
  REP
    IF prim (erster summand) AND prim (zweiter summand)
      THEN drucke loesung aus ;
           LEAVE pruefe goldbachs vermutung
    FI ;
    erster summand INCR 2
  UNTIL erster summand = kandidat DIV 2  ENDREP ;
  errorstop ("Goldbachs Vermutung gilt nicht für "+ text (kandidat)).

drucke loesung aus :
  put (kandidat) ;
  put ("=") ;
  put (erster summand) ;
  put ("+") ;
  put (zweiter summand) ;
  line .

zweiter summand : kandidat - erster summand .
```

```
BOOL PROC prim (INT CONST zahl) :
  INT VAR teiler := 3 ;
  WHILE teiler * teiler <= zahl
  REP
    IF zahl MOD teiler = 0
      THEN LEAVE prim WITH FALSE
    FI ;
    teiler INCR 2
  ENDREP ;
  TRUE
ENDPROC prim;
```

Ausgabe:

```
 6 =   3 +   3
 8 =   3 +   5
10 =   3 +   7
12 =   5 +   7
14 =   3 +  11
16 =   3 +  13
18 =   5 +  13
20 =   3 +  17
     usw.
```

23. Teilermengen.

Ebenso einfach ist ein Programm, das die Menge der echten Teiler einer Zahl auflistet. Dabei wird ausgenutzt, daß zu jedem Teiler ein Komplementärteiler existiert. Nur für Quadratzahlen ist die Quadratwurzel zugleich Teiler und Komplementärteiler, so daß eine einmalige Auflistung reicht.

```
eingabe der zahl ;
zerlege die zahl in ihre teiler .

eingabe der zahl :
  put ("Gib eine Zahl ein!") ;
  INT VAR zahl ;
  get (zahl) .

zerlege die zahl in ihre teiler :
  put ("Die Teiler sind") ;
  line ;
  put (1) ;
  INT VAR teiler :: 2 ;
  WHILE teiler * teiler < zahl REPEAT
    IF zahl MOD teiler = 0
      THEN put (teiler) ;
           put (zahl DIV teiler)
    FI ;
    IF teiler * teiler = zahl
      THEN put (teiler)
    FI ;
    teiler INCR 1
  END REPEAT .
```

Eingabe: 12
Ausgabe: 1, 2, 6, 3, 4

24. Zerlegung in Primfaktoren.

Die eindeutige Zerlegung in Primfaktoren ist eine wichtige Grundlage der elementaren Zahlentheorie; außerdem hat sie für große Zahlen (die in ELAN mit dem LONGINT - Paket bearbeitet werden können) eine Anwendung in der Kryptologie gefunden.
Aus Effizienzgründen werden Primfaktoren 2 vorweg abgespalten.

```
eingabe der zahl ;
zerlege die zahl in primfaktoren .

eingabe der zahl :
  put ("Welche Zahl soll untersucht werden?") ;
  INT VAR zahl ;
  get (zahl) .

zerlege die zahl in primfaktoren :
  INT VAR teiler :: 2 ;
  WHILE zahl > 1 REP
    IF zahl teilbar
      THEN spalte teiler ab
      ELSE versuche naechsten teiler
    FI
  ENDREP .

zahl teilbar : zahl MOD teiler = 0 .

spalte teiler ab :
  put (teiler) ;
  zahl := zahl DIV teiler .

versuche naechsten teiler :
  IF   teiler = 2 THEN teiler := 3
  ELSE                 teiler INCR 2
  FI .
```

Eingabe: Welche Zahl soll untersucht werden? 4711
Ausgabe: 7   673

25. Sieb des Erathostenes.

Nach einem alten Verfahren können die Primzahlen durch Streichung von Vielfachen gewonnen werden, wie es im folgenden Algorithmus geschieht. Aus Effizienzgründen betrachten wir nur die ungeraden Zahlen bis zu einer oberen Schranke. Weil wir lediglich wissen wollen, ob eine Zahl im Sieb ist oder nicht, arbeiten wir mit einer 'ROW obergrenze BOOL VAR in liste'. (Vgl. Klingen/Liedtke, Programmieren mit ELAN, Teubner, Stuttgart 1983, S.54).

```
LET obergrenze = 500 ;    (* Primzahlen bis 1000 *)
konstruiere eine liste aller betrachteten ungeraden zahlen ;
nimm kleinste als aktuelle primzahl ;
put (2) ;
REP
  put (aktuelle primzahl) ;
  streiche jedes zweite vielfache dieser primzahl aus der liste ;
  nimm naechste zahl aus der liste als aktuelle primzahl
UNTIL liste abgearbeitet ENDREP .

konstruiere eine liste aller betrachteten ungeraden zahlen :
  ROW obergrenze BOOL VAR in liste ;
  INT VAR i ;
  FOR i FROM 2 UPTO obergrenze REP
    in liste [i] := TRUE
  ENDREP .

nimm kleinste als aktuelle primzahl :
  INT VAR aktuelle primzahl :: 3 .

streiche jedes zweite vielfache dieser primzahl aus der liste :
  INT VAR ungerades vielfaches :: aktuelle primzahl * 3 ;
  WHILE ungerades vielfaches < 2 * obergrenze REP
    in liste [ungerades vielfaches DIV 2 + 1]  := FALSE ;
    ungerades vielfaches INCR 2 * aktuelle primzahl
  ENDREP .

nimm naechste zahl aus der liste als aktuelle primzahl :
  REP
    aktuelle primzahl INCR 2
  UNTIL naechste zahl gefunden oder liste erschoepft ENDREP .
```

```
naechste zahl gefunden oder liste erschoepft :
  aktuelle primzahl > 2 * obergrenze  COR
  in liste [aktuelle primzahl DIV 2 + 1] .

liste abgearbeitet :
  aktuelle primzahl > 2 * obergrenze .
```

Bei einer graphischen Darstellung des Siebes des Erathostenes kann man wegen der langsamen Abnahme der Dichte der Primzahlen kaum eine Ausdünnung feststellen. Mit verwandten Siebalgorithmen kann man jedoch auch endliche Siebe darstellen. Zum Beispiel hat die Menge der natürlichen Zahlen, die sich nicht als Summe paarweise verschiedener Quadratzahlen darstellen lassen, die obere Schranke 128, eine entsprechende Menge in Kubikzahlen eine obere Schranke 13000.

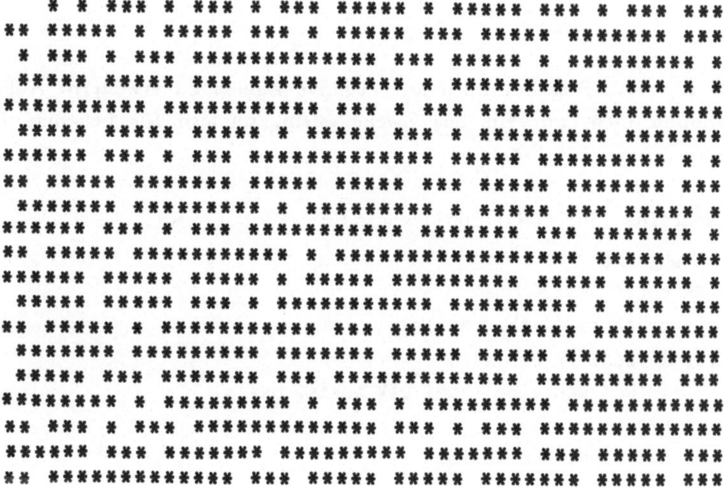

Abb.1: Sieb der ersten Primzahlen.

26. Wandeln in duale Zahldarstellung.

Eine vorgegebene positive Zahl soll als Dualzahl ausgegeben werden. Diese Transformation wird durch eine kleine rekursive Prozedur erreicht, die mit Hilfe der Operatoren "MOD" und "DIV" die einzelnen Dualstellen abspaltet.

```
PROC schreibe dual (INT CONST zahl) :
  IF zahl >= 2
    THEN schreibe dual (zahl DIV 2)
  FI ;
  put (zahl MOD 2)
END PROC schreibe dual ;
```

Eingabe: schreibe dual (50)
Ausgabe: 1 1 0 0 1 0.

Es bietet sich an, diese Prozedur auch auf negative Zahlen zu erweitern. Außerdem läßt sich das Verfahren nicht nur für das Zweiersystem, sondern für beliebige Basen verwenden:

```
PROC schreibe (INT CONST zahl, basis) :
  IF   zahl < 0
    THEN put ("-") ;
         schreibe (-zahl, basis)
    ELSE IF zahl >= basis
           THEN schreibe (zahl DIV basis, basis)
         FI ;
         put (zahl MOD basis)
  FI
END PROC schreibe ;
```

27. Einlesen einer Dualzahl.

Das Einlesen einer Dualzahl beginnt links mit der höchstwertigen Stelle und multipliziert solange wie vorhanden weitere Stellen an, ähnelt also dem Horner-Verfahren. Der Einfachheit halber lesen wir die einzelnen Dualziffern als INT's ein. Zulässig sind dann 0 und 1 bei jeder Ziffereingabe. Jede andere Zahl (z.B. 9) wird nicht als Teil der Dualzahl, sondern als Eingabeende aufgefaßt.

```
PROC lies dual (INT VAR wert) :

  wert := 0 ;
  lies ziffer ;
  WHILE ist dualziffer REP
    wert := 2 * wert + ziffer ;
    lies ziffer
  ENDREP .

lies ziffer :
  INT VAR ziffer ;
  get (ziffer) .

ist dualziffer : ziffer = 0 OR ziffer = 1 .

ENDPROC lies dual ;

INT VAR zahl ;
lies dual (zahl) ;
put (zahl)
```

Eingabe: *1 1 0 0 1 0 9*
Ausgabe: *50*

Auch dieses Verfahren läßt sich auf negative Zahlen und beliebige Basen ausdehnen.

28. Das Sumererverfahren für die Quadratwurzel.

Einer der ältesten bekannten Algorithmen überhaupt ist das von Heron der Nachwelt überlieferte Verfahren der Sumerer, eine Quadratwurzel zu bestimmen: Wenn ein Näherungswert x ist, muß aus Invarianzgründen ein komplementärer Näherungswert a/x lauten, wenn das Produkt a ergeben soll. Die Mittelbildung zwischen beiden Werten konvergiert und führt damit auf einen einzigen Näherungswert für die Wurzel.

$$x := 0.5 * (x + a/x)$$

Wenn wir vorübergehend den zweiten Näherungswert a/x mit y benennen, so stellt sich die Folge der x-Werte als arithmetische Mittel, die Folge der y-Werte als harmonische Mittel und der Endwert als geometrisches Mittel dar. Aus einfachen geometrischen Überlegungen folgt aber sofort, daß dann eine Intervallschachtelung für das gesuchte geometrische Mittel vorliegt und das Verfahren deshalb konvergiert.

Wir folgen dem Verfahren, wie es in Klingen/Liedtke "Programmieren in ELAN", Stuttgart 1983, dargestellt ist.

```
REAL PROC wurzel (REAL CONST a):
  beginne mit einem sicheren intervall ;
  WHILE intervall noch zu gross REP
    verkleinere das intervall
  ENDREP;
  mitte.

  beginne mit einem sicheren intervall :
    REAL VAR x grenze :: 1.0,
             a grenze ::  a .

  verkleinere das intervall :
    x grenze := mitte;
    a grenze := a/x grenze.

  mitte :
    x grenze + (a grenze - x grenze)/2.0 .

  intervall noch zu gross :
    mitte <> x grenze AND mitte <> a grenze .

END PROC wurzel ;
```

Gelegentlich wird man wünschen, dieselbe Wurzel auf wesentlich mehr Stellen ausgedruckt zu bekommen. Dann kann das LONGINT - Paket auch für REAL - Verarbeitung helfen, wenn man dafür sorgt, daß mit hinreichend hohen Zehnerpotenzen so multipliziert wird, daß LONGINTs entstehen. Hier ist ein Beispiel für Wurzel aus 2 : (Es wird nach der Stabilisierung der Stellen von der Tastatur her abgebrochen.)

```
LONGINT VAR radikand :: longint (2),
x :: longint (1), faktor :: longint (10) ;
faktor := faktor ** 50 ;
radikand := radikand * faktor * faktor ;
x := x * faktor ;

REP
  x := (x + radikand DIV x) DIV longint (2) ;
  put (x) ;line
ENDREP
```

Dabei wird der Radikand zweimal mit dem Faktor multipliziert, weil sich sonst der gewünschte Effekt der REAL - LONGINT - Umwandlung durch Kürzung wegheben würde.

29: Potenzieren, Dividieren und Logarithmieren.

Für ein schnelles Potenzieren wird man ausnutzen, daß man bereits erhaltene Zwischenergebnisse mit sich selber multiplizieren kann:

```
REAL OP H (REAL CONST basis, INT CONST exponent) :

    IF exponent = 0
      THEN 1.0
    ELIF exponent MOD 2 = 0
      THEN  (basis * basis) H (exponent DIV 2)
      ELSE ((basis * basis) H (exponent DIV 2)) * basis
    FI

END OP H ;
```

Eingabe: put (2.01 H 15)
Ausgabe: 35313.51

Der bereits dargestellte Sumerer-Algorithmus und der Euklidische Algorithmus stellen die ältesten Algorithmen der Menschheitsgeschichte dar. Der erste wichtige Algorithmus, den ein Kind heute in der Grundschule erfährt, ist der Divisionsalgorithmus.
Im Programm gehen wir davon aus, daß Divident und Divisor $>$ 0 sind.

```
erfrage dividenden und divisor ;
bestimme hoechste stelle ;
REP
  bestimme quotientenziffer ;
  nimm naechstniedrige stelle
UNTIL genug nachkommastellen PER .

erfrage dividenden und divisor :
  put ("Bitte gib den Dividenden und den Divisor ein:") ;
  REAL VAR dividend, divisor ;
  get (dividend); get (divisor) .
```

```
bestimme hoechste stelle :
  INT VAR stelle := 1 ;
  WHILE dividend >= divisor * 10.0 REP
    divisor := divisor * 10.0 ;
    stelle INCR 1
  PER .

bestimme quotientenziffer :
  INT VAR quotientenziffer := 0 ;
  WHILE dividend >= divisor REP
    dividend := dividend - divisor ;
    quotientenziffer INCR 1
  PER ;
  drucke quotientenziffer .

nimm naechstniedrige stelle :
  dividend := dividend * 10.0 ;
  stelle DECR 1 .

genug nachkommastellen : incharety <> "" .

drucke quotientenziffer :
  out (text (quotientenziffer)) ;
  IF stelle = 1
    THEN out (".")
  FI .
```

Eingabe: Bitte gib den Dividenden und den Divisor ein: 200 30

Ausgabe: 6.66666666666 ....

Wenig bekannt ist, daß derselbe Algorithmus es gestattet, Zahlen größer als 1 zu logarithmieren (Umkehrung des Potenzierens), wenn alle vorkommenden Rechenarten um eine Stufe hochgesetzt werden ('–' auf '/'; '*' auf '**').

```
erfrage numerus und basis ;
bestimme hoechste stelle ;
REP
  bestimme logarithmusziffer ;
  nimm naechstniedrige stelle
UNTIL genug nachkommastellen PER .
```

```
erfrage numerus und basis :
  put ("Bitte gib den Numerus und die Basis ein:") ;
  REAL VAR numerus, basis ;
  get (numerus); get (basis) .

bestimme hoechste stelle :
  INT VAR stelle := 1 ;
  WHILE numerus >= basis ** 10 REP
    basis := basis ** 10 ;
    stelle INCR 1
  PER .

bestimme logarithmusziffer :
  INT VAR logarithmusziffer := 0 ;
  WHILE numerus >= basis REP
    numerus := numerus/basis ;
    logarithmusziffer INCR 1
  PER ;
  drucke logarithmusziffer .

nimm naechstniedrige stelle :
  numerus := numerus ** 10 ;
  stelle DECR 1 .

genug nachkommastellen : stelle < -12 .

drucke logarithmusziffer :
  out (text (logarithmusziffer)) ;
  IF stelle = 1
    THEN out (".")
  FI .
```

Eingabe : Bitte gib den Numerus und die Basis ein: 1023 2

Ausgabe : 9.9985904297451

Für Zahlen a mit 0 < a < 1 kann man zu - log (1/a) übergehen. Für wesentlich mehr Stellen ergeben sich beim letzten Verfahren Rundungsfehler.

IV. Kleine statistische Programme

30. Mittelwert und Varianz.

Die Aufarbeitung von Daten nach ihrer Zentraltendenz und ihrer Streuungstendenz stellt einen Standardfall der Datenverarbeitung dar. Wir gehen hier, wie in allen folgenden Statistikprogrammen, davon aus, daß sich die Daten in einer Datei befinden. Hier müssen die einzelnen Werte durch Blank oder Zeilenwechsel voneinander getrennt sein. Dabei ist die Aufteilung auf Zeilen beliebig.

```
eroeffne datendatei ;
zaehle daten und bilde summe und quadratsumme ;
bilde mittelwert und varianz .

eroeffne datendatei :
  FILE VAR datenstrom := sequential file (input, "statistische Daten") .

zaehle daten und bilde summe und quadratsumme :
  REAL VAR summe := 0.0, quadratsumme := 0.0, datum ;
  INT VAR verarbeitete daten := 0 ;
  REP
    get (datenstrom, datum) ;
    summe INCR datum ;
    quadratsumme INCR datum * datum ;
    verarbeitete daten INCR 1
  UNTIL eof (datenstrom) ENDREP .
```

```
bilde mittelwert und varianz :
  REAL VAR
  mittel  := summe/       real (verarbeitete daten) ,
  varianz := quadratsumme/real (verarbeitete daten) - mittel * mittel ;

  put ("Arithmetisches Mittel:"); put (mittel); line ;
  put ("Varianz:"); put (varianz); line ;
  put ("Standardabweichung:"); put (sqrt (varianz)) .
```

Datendatei:

3 1 4 1 5 9 2 6 5 3 5 9
2 7 1 8 2 8 1 8 2 8 4 5 9

Ausgabe:

Arithmetisches Mittel: 4.72
Varianz: 7.8816
Standardabweichung: 2.807419

31. Datengruppierung und Histogramm.

Ein Histogramm ist nur übersichtlich, wenn die Daten in nicht zu vielen Gruppierungen angeordnet werden. Hier wird die Spannweite der Daten automatisch festgestellt. In einem zweiten Durchgang werden die Daten in ein Histogramm mit 7 Balken einsortiert. Auf eine automatische Wahl des Maßstabes wird verzichtet.

```
stelle datenintervall fest ;
verteile daten auf gruppen ;
gib histogramm aus .

stelle datenintervall fest :
  eroeffne datenstrom ;
  lies datum ;
  REAL VAR
  minimum := datum ,
  maximum := datum ;
  WHILE NOT eof (datenstrom) REP
    lies datum ;
    IF   datum < minimum THEN minimum := datum
    ELIF datum > maximum THEN maximum := datum
    FI
  ENDREP .

eroeffne datenstrom :
  FILE VAR datenstrom := sequential file (input, "statistische Daten") .

lies datum :
  REAL VAR datum ;
  get (datenstrom, datum) .

verteile daten auf gruppen :
  eroeffne datenstrom ;
  beginne mit leeren gruppen ;
  WHILE NOT eof (datenstrom) REP
    lies datum ;
    teile datum einer gruppe zu
  ENDREP .

beginne mit leeren gruppen :
  ROW 7 INT VAR haeufigkeit := ROW 7 INT:(0,0,0,0,0,0,0) .
```

```
teile datum einer gruppe zu :
  haeufigkeit [gruppen nr] INCR 1 .

gruppen nr :
  REAL CONST
  normiertes datum := (datum - minimum)/spannweite ;
  IF normiertes datum < 1.0
    THEN int (normiertes datum * 7.0) + 1
    ELSE 7
  FI .

spannweite : maximum - minimum .

gib histogramm aus :
  erfrage massstab ;
  page ;
  INT VAR i ;
  FOR i FROM 1 UPTO 7 REP
    put (text (von, 8, 3) + " -" + text (bis, 8, 3) + " :  ") ;
    put (haeufigkeit [i] DIV ereignisse pro stern * "*") ;
    line
  ENDREP .

erfrage massstab :
  put ("Wieviel Ereignisse soll ein Stern repräsentieren?") ;
  INT VAR ereignisse pro stern ;
  get (ereignisse pro stern) .

von :  minimum + real (i - 1) * spannweite/7.0 .
bis :  minimum + real (i)     * spannweite/7.0 .
```

Datendatei:

```
3 1 4 1 5 9 2 6 5 3 5 9
2 7 1 8 2 8 1 8 2 8 4 5 9
```

Eingabe:

```
Wieviel Ereignisse soll ein Stern repräsentieren? 1
```

Ausgabe:

```
   1.000 -    2.143 :   ********
   2.143 -    3.286 :   **
   3.286 -    4.429 :   **
   4.429 -    5.571 :   ****
   5.571 -    6.714 :   *
   6.714 -    7.857 :   *
   7.857 -    9.000 :   *******
```

32. Median und Modus.

In vielen Fällen liegen statistische Werte nach Klassen gruppiert und sortiert vor. Der Modus einer Verteilung ist die am häufigsten auftretende Merkmalsausprägung. Der Median ist so definiert, daß die Hälfte der Population Merkmalsausprägungen unter ihm hat, die andere Hälfte darüber. Bei schiefen Verteilungen liegt der Median i.a. näher am Modus als das arithmetische Mittel, so daß er oft zur Kennzeichnung der Zentraltendenz vorgezogen wird. Wir setzen eine sortierte Liste voraus. Die Berechnung des arithmetischen Mittels für gruppierte Daten und die Berechnung des Modus als Merkmalsausprägung der mächtigsten Klasse machen keine Schwierigkeiten. Für den Median wird zunächst die Medianklasse berechnet. Dann wird innerhalb der Medianklasse linear interpoliert. Dabei muß man davon ausgehen, daß die zur Klasse gehörige Merkmalsausprägung in der Klassenmitte liegt. Deshalb wird je nach Überhang vorwärts oder rückwärts interpoliert. Wir beschränken uns hier auf Klassen konstanter Breite.

```
LET maximale klasse = 100 ;
ROW maximale klasse REAL VAR merkmal ;
ROW maximale klasse INT  VAR frequenz ;
lies merkmale und frequenzen ;
berechne statistische kenngroessen .

lies merkmale und frequenzen :
  FILE VAR datenstrom := sequential file (input, "gruppierte Daten") ;
  INT VAR klassen, population := 0, i ;
  FOR i FROM 1 UPTO maximale klasse REP
    get (datenstrom, merkmal  [i]) ;
    get (datenstrom, frequenz [i]) ;
    population INCR frequenz [i] ;
    klassen := i
  UNTIL eof (datenstrom) ENDREP .

berechne statistische kenngroessen :
  berechne mittelwert ;
  berechne modus ;
  berechne median .

berechne mittelwert :
  REAL VAR summe := 0.0 ;
  FOR i FROM 1 UPTO klassen REP
    summe INCR merkmal [i] * real (frequenz [i])
  ENDREP ;
  put ("Arithmetisches Mittel:") ;
  put (summe/real (population)); line .
```

```
berechne modus :
  INT VAR maechtigste klasse := 1 ;
  FOR i FROM 2 UPTO klassen REP
    IF frequenz [i] > frequenz [maechtigste klasse]
      THEN maechtigste klasse := i
    FI
  ENDREP ;
  put ("Modus:") ;
  put (merkmal [maechtigste klasse]); line .

berechne median :
  suche medianklasse ;
  interpoliere in der medianklasse .

suche medianklasse :
  INT VAR medianklasse := 1, kleine := 0 ;
  WHILE kleine + frequenz [medianklasse] < population DIV 2 REP
    kleine INCR frequenz [medianklasse] ;
    medianklasse INCR 1
  ENDREP .

interpoliere in der medianklasse :
  put ("Median :"); put (merkmal [medianklasse] + interpolation); line .

interpolation :
  klassenbreite * (ueberhang/real (frequenz [medianklasse]) - 0.5) .

ueberhang : real (population) / 2.0 - real (kleine) .
klassenbreite : merkmal [2] - merkmal [1] .
```

Datendatei: *150 5*

```
160 35
170 70
180 50
190 30
200 20
210 10
220 5
230 3
240 2
```

Ausgabe:

```
Arithmetisches Mittel: 179.6522
Modus: 170.
Median : 176.
```

33. Korrelationen

Wenn für zwei Häufigkeitsverteilungen ein linearer Zusammenhang angenommen wird, kann man einen Korrelationskoeffizienten berechnen, dessen Wertevorrat zwischen -1 und $+1$ liegt.

```
FILE VAR datenstrom := sequential file (input, "datenpaare") ;
zaehle paare und bilde summen und quadratsummen ;
put ("Der Korrelationskoeffizient:") ;
put (text (korrelationskoeffizient, 6,3)) .

zaehle paare und bilde summen und quadratsummen :
  REAL VAR x, y,
           summe x        := 0.0, summe y       := 0.0,
           quadr summe x  := 0.0, quadr summe y := 0.0,
           quadr summe x y := 0.0;
  INT VAR paare := 0 ;
  REP
    paare INCR 1 ;
    get (datenstrom, x) ;
    get (datenstrom, y) ;
    summe x INCR x ;
    summe y INCR y ;
    quadr summe x  INCR x * x ;
    quadr summe y  INCR y * y ;
    quadr summe xy INCR x * y
  UNTIL eof (datenstrom) ENDREP .

korrelationskoeffizient : kovarianz/sqrt (varianz x * varianz y) .
kovarianz : quadr summe xy/n - mittel x * mittel y .
varianz x : quadr summe x/ n - mittel x ** 2 .
varianz y : quadr summe y/ n - mittel y ** 2 .
mittel x :  summe x/n .
mittel y :  summe y/n .
n :  real (paare) .
```

```
Datendatei:     2.4   3
                        4     3.9
                        5     6.2
                        6     7.1
Ausgabe:             Der Korrelationskoeffizient:  0.965
```

34. Fakultäten

n! gibt die Zahl der Permutationen von n verschiedenen Elementen an. Fakultätsprozeduren kommen in vielen weiterführenden Anwendungen vor. Wir geben eine rekursive INT – , eine iterative REAL – und eine iterative LONGINT – Fassung.

```
INT PROC fak (INT CONST n) :

  IF n = 0 OR n = 1
    THEN 1
    ELSE n * fak (n - 1)
  FI

END PROC fak ;

REAL PROC fak (INT CONST n) :

  REAL VAR ergebnis :: 1.0 ;
  INT VAR i ;
  FOR i FROM 2 UPTO n REP
    ergebnis := ergebnis * real (i)
  ENDREP ;
  ergebnis

END PROC fak ;

LONGINT PROC fak (INT CONST n) :

  LONGINT VAR ergebnis :: longint (1) ;
  INT VAR i ;
  FOR i FROM 2 UPTO n REP
    ergebnis := ergebnis * longint (i)
  ENDREP ;
  ergebnis

END PROC fak ;
```

35. Binomialkoeffizienten.

Binomialkoeffizienten sind Bausteine für theoretische Wahrscheinlichkeiten in zahlreichen Anwendungen. In der ersten Prozedur werden sie auf Fakultäten zurückgeführt, in der zweiten und dritten werden sie rekursiv nach unterschiedlichen Verfahren berechnet. Das vierte und fünfte Verfahren nutzt die Symmetrie des Pascaldreiecks. Das letzte Verfahren erlaubt durch rechtzeitige Kürzungen die Berechnung aller Binomialkoeffizienten, soweit sie im Endergebnis unterhalb maxint liegen. Dabei wird der evt. Überlauf des Zählers so abgefangen, daß kein Zwischenergebnis größer als maxint entsteht.

```
INT PROC binomial (INT CONST n,k) :
  fak (n) DIV (fak (k) * fak (n - k))
END PROC binomial ;

INT PROC binomial (INT CONST n,k) :
  IF k = 0
    THEN 1  ELSE binomial (n, k - 1) * (n - k + 1) DIV k
  FI
END PROC binomial ;

INT PROC binomial (INT CONST n,k) :
  IF k = 0 OR k = n
    THEN 1
    ELSE binomial (n - 1, k - 1) + binomial (n - 1, k)
  FI
END PROC binomial ;

INT PROC binomial (INT CONST n,k) :
  IF k > n-k
    THEN n fakultaet durch k fakultaet DIV fak (n - k)
    ELSE binomial (n, n - k)
  FI .

  n fakultaet durch k fakultaet :
    INT VAR produkt := 1, faktor ;
    FOR faktor FROM k + 1 UPTO n REP
      produkt := produkt * faktor
    ENDREP ;
    produkt .

ENDPROC binomial ;
```

```
INT PROC binomial (INT CONST n,k) :

  IF k < n - k
    THEN binomial (n, n - k)
    ELSE berechne nenner als n minus k fak ;
         berechne zaehler als n fak durch k fak und kuerze mit nenner ;
         zaehler DIV nenner
  FI .

  berechne nenner als n minus k fak :
    INT VAR nenner := 1, i ;
    FOR i FROM 2 UPTO n - k REP
      nenner := nenner * i
    ENDREP .

  berechne zaehler als n fak durch k fak und kuerze mit nenner :
    INT VAR zaehler := 1, faktor;
    FOR i FROM k + 1 UPTO n REP
      faktor := i ;
      IF zaehler wuerde ueberlaufen
        THEN kuerze (zaehler, nenner) ;
             kuerze (faktor, nenner)
      FI ;
      zaehler := zaehler * faktor
    ENDREP .

  zaehler wuerde ueberlaufen : zaehler > maxint DIV faktor .

ENDPROC binomial ;

PROC kuerze (INT VAR zaehler, nenner) :

  INT VAR teiler := ggt (zaehler, nenner) ;
  zaehler := zaehler DIV teiler ;
  nenner  := nenner  DIV teiler

ENDPROC kuerze ;

INT PROC ggt (INT CONST a,b) :

  IF b = 0
    THEN a
    ELSE ggt (b, a MOD b)
  FI

ENDPROC ggt ;
```

36. Mischen von Spielkarten I.

Das Mischen ist der umgekehrte Vorgang zum Sortieren. Der Zufallsgenerator kann gute Dienste leisten. Wir mischen ein Kartenspiel mit 24 Karten durch zufälliges Holen der Karten vom geordneten Stapel von unten oder von oben und können das wegen der Beschränkung der Kartenanzahl auch auf dem Bildschirm zeigen. Man kann deutlich den Vorteil längeren Mischens verfolgen.

```
LET karten = 24, karten pro farbe = 6 ;
erzeuge alten stapel ;
REP
  zeige alten stapel ;
  erzeuge mischend neuen stapel ;
  alter stapel := neuer stapel
UNTIL abbruch erwuenscht ENDREP .

abbruch erwuenscht : incharety (40) = " " .

erzeuge alten stapel :
  INT VAR kartennr ;
  ROW karten TEXT VAR alter stapel ;
  FOR kartennr FROM 1 UPTO karten REP
    alter stapel [kartennr] := farbe + wert
  ENDREP .

farbe:
  SELECT (kartennr - 1) DIV karten pro farbe OF
    CASE 0 :  " Karo "
    CASE 1 :  " Herz "
    CASE 2 :  "  Pik "
    CASE 3 :  "Kreuz "
    OTHERWISE ""
  ENDSELECT .
```

```
wert :
  SELECT (kartennr - 1) MOD karten pro farbe OF
    CASE 0 : "Neun  "
    CASE 1 : "Zehn  "
    CASE 2 : "Bube  "
    CASE 3 : "Dame  "
    CASE 4 : "König "
    CASE 5 : "As    "
    OTHERWISE ""
  END SELECT .

zeige alten stapel :
  page ;
  FOR kartennr FROM 1 UPTO karten REP
    cursor (1, kartennr) ;
    put (alter stapel [kartennr])
  PER .

erzeuge mischend neuen stapel :
  ROW karten TEXT VAR neuer stapel ;
  beginne oben und unten beim alten stapel ;
  FOR kartennr FROM 1 UPTO karten REP
    IF zufall will oben
      THEN nimm von oben
      ELSE nimm von unten
    FI ;
    zeige neue karte
  PER .

beginne oben und unten beim alten stapel :
  INT VAR oberste := 1, unterste := karten .

nimm von oben :
  neuer stapel [kartennr] := alter stapel [oberste] ;
  cursor (1, oberste) ;
  put ("                    ") ;
  oberste INCR 1 .

nimm von unten :
  neuer stapel [kartennr] := alter stapel [unterste] ;
  cursor (1, unterste) ;
  put ("                    ") ;
  unterste DECR 1 .
```

```
zeige neue karte :
  cursor (30, kartennr) ;
  put (neuer stapel [kartennr]) ;
  pause (5) .

zufall will oben : random (1, 2) = 1 .
```

```
Karo   Neun
Pik    Bube
Karo   Zehn
Herz   Bube
Kreuz  As
Pik    Dame
Kreuz  Bube
Herz   Zehn
Pik    Zehn
Karo   Bube
Herz   Neun
Kreuz  Zehn
Karo   As
Karo   Koenig
Kreuz  Neun
Kreuz  Koenig
Pik    Neun
Herz   As
Pik    As
Pik    Koenig
Kreuz  Dame
Herz   Dame
Karo   Dame
Herz   Koenig
```

Abb.2: Frühe Kartenmischung.

37. Mischen von Spielkarten II.

Ein erheblich besserer Algorithmus zum Mischen ist das zufällige Ziehen aus dem alten Stapel, denn dann reicht schon ein Durchgang, um vollständige Mischung zu erreichen. Um die Leistungfähigkeit des Verfahrens zu zeigen, gehen wir von 1000 verschiedenen Karten aus, die mit den Zahlen von 1 bis 1000 bezeichnet werden:

```
LET karten = 1000 ;
erzeuge sortierten stapel ;
WHILE stapel noch nicht leer REP
  ziehe zufaellig eine karte ;
  entferne sie aus dem stapel
ENDREP .

erzeuge sortierten stapel :
  ROW karten INT VAR stapel ;
  INT VAR i ;
  FOR i FROM 1 UPTO karten REP
    stapel [i] := i
  ENDREP ;
  INT VAR
  letzte := karten .

stapel noch nicht leer : letzte > 0 .

ziehe zufaellig eine karte :
  INT CONST gezogen := random (1, letzte) ;
  put (stapel [gezogen]) .

entferne sie aus dem stapel :
  stapel [gezogen] := stapel [letzte] ;
  letzte DECR 1 .
```

Hinweis: Hier wird das gezogene Element korrekt aus dem Stapel entfernt, so daß der Stapel echt kleiner wird.
Oft wird das "Ziehen ohne Zurücklegen" aber programmiert, indem das gezogene Element jeweils als ungültig markiert und beim Ziehen solange gewürfelt wird, bis ein gültiges Element gefunden ist. Wir möchten betonen, daß diese zweite Lösung strenggenommen falsch und außerdem sehr ineffizient ist. (In unserem Beispiel muß man z.B. mit 7500 anstelle der korrekten 1000 Ziehungen rechnen.)

38. Prüfung einer Zufallsverteilung.

Die am meisten angewendete Methode, um zufällige Verteilungen zu prüfen, ist die Chiquadratmethode. Sie wird hier dazu benützt, den ELAN - Zufallsgenerator (INT) zu testen. Die relativen Abweichungsquadrate vom Erwartungswert werden addiert. Die Theorie besagt, daß diese Summe ihrerseits einen Erwartungswert besitzt, den sogenannten Freiheitsgrad. Er ist die um 1 verminderte Summe der Ausfälle. Die Varianz ist der doppelte Freiheitsgrad. Daraus folgen einfache 2 - sigma - Vertrauensintervalle.

```
LET n = 6, wuerfe = 1200 ;
ROW n INT VAR augen := ROW n INT: (0,0,0,0,0,0) ;
wuerfele ;
berechne chiquadrat ;
pruefe auf erlaubte abweichung .


wuerfele :
  FOR i FROM 1 UPTO wuerfe REP
    augen [random (1, n)] INCR 1
  ENDREP .

berechne chiquadrat :
  REAL VAR chiquadratsumme := 0.0 ;
  INT VAR i ;
  FOR i FROM 1 UPTO n REP
    chiquadratsumme INCR (real (augen [i]) - erwartung)**2 /erwartung
  ENDREP .

pruefe auf erlaubte abweichung :
  putline ("Ergebnis des Chiquadrattests:") ;
  put ("Chiquadrat = "); put (chiquadratsumme); line ;
  put( "Obere Schranke = "); put (schranke); line ;
  IF chiquadratsumme > schranke
    THEN put ("Abweichungen zu gross")
    ELSE put ("Abweichungen mit Nullhypothese vereinbar")
  FI .

erwartung : real (wuerfe)/real (n) .

schranke : freiheitsgrade + 2.0 * sigma .
```

```
freiheitsgrade : real (n - 1) .

sigma : sqrt (2.0 * freiheitsgrade) .
```

Ausgabe :

```
Nach 1200 Wuerfen ergibt sich:
Chiquadratsumme:  7.42
Obere Schranke : 11.32456
Abweichungen mit Nullhypothese vertraeglich.
```

V. Spiele

39. Game of Life.

1970 hat Conway ein Lebensspiel auf einem quadratischen Brett nach folgenden Regeln beschrieben:

a) ein Stein, der zwei oder drei Nachbarn hat, überlebt.

b) ein Stein, der nur einen oder gar keinen Nachbarn besitzt, stirbt an Vereinsamung.

c) ein Stein, der mehr als drei Nachbarn hat, stirbt an Umweltbelastung durch Überbevölkerung.

d) ein Stein wird geboren, wenn ein leeres Feld genau drei Nachbarn hat.

Das Feld wird in Bildschirmgröße gewählt. Dabei wird als Nachbar eines Randes jeweils der gegenüberliegende Rand angesehen, so daß das Spielfeld zwar endlich aber unbegrenzt ist und keine Gebilde aus dem Feld herauslaufen können. Die Anfangsstellung wird aus der Datei "erste generation" eingelesen.

```
erzeuge erste generation ;
REP
  erzeuge naechste generation
UNTIL abbruch gewuenscht ENDREP .

abbruch gewuenscht : incharety <> "" .

erzeuge erste generation :
  LET hoehe = 24, breite = 79 ;
  beginne mit leerem feld ;
  hole bewohner aus datei .
```

```
beginne mit leerem feld :
  ROW breite ROW hoehe BOOL VAR bewohnt ;
  ROW breite ROW hoehe INT VAR nachbarn ;
  INT VAR x, y ;
  FOR x FROM 1 UPTO breite REP
    FOR y FROM 1 UPTO hoehe REP
      bewohnt  [x] [y] := FALSE ;
      nachbarn [x] [y] := 0
    PER
  PER ;
  page .

hole bewohner aus datei :
  FILE VAR f := sequential file (input, "erste generation") ;
  TEXT VAR zeichen ;
  WHILE NOT eof (f) REP
    get (f, zeichen, 1) ;
    IF zeichen = "*"
      THEN erzeuge (col (f), line no (f), "*")
    FI
  ENDREP .

erzeuge naechste generation :
  ROW breite ROW hoehe INT VAR alte nachbarn := nachbarn ;
  FOR x FROM 1 UPTO breite REP
    FOR y FROM 1 UPTO hoehe REP
      IF bewohnt [x] [y]
        THEN pruefe ueberleben
        ELSE pruefe geburt
      FI
    PER
  PER .

pruefe ueberleben :
  IF alte nachbarn [x] [y] < 2 OR alte nachbarn [x] [y] > 3
    THEN erzeuge (x, y, " ")
  FI .

pruefe geburt :
  IF alte nachbarn [x] [y] = 3
    THEN erzeuge (x, y, "*")
  FI .
```

```
PROC erzeuge (INT CONST x, y, TEXT CONST feld) :
  bewohnt [x] [y] := (feld = "*") ;
  veraendere nachbarn ;
  cursor (x, y) ;
  out (feld) .

veraendere nachbarn :
  INT VAR um ;
  IF feld = "*"
    THEN um := 1
    ELSE um := -1
  FI ;
  berechne nachbarkoordinaten auf dem torus ;
  nachbarn [links]  [drueber] INCR um ;
  nachbarn [x]      [drueber] INCR um ;
  nachbarn [rechts] [drueber] INCR um ;
  nachbarn [links]  [y]       INCR um ;
  nachbarn [rechts] [y]       INCR um ;
  nachbarn [links]  [drunter] INCR um ;
  nachbarn [x]      [drunter] INCR um ;
  nachbarn [rechts] [drunter] INCR um .

berechne nachbarkoordinaten auf dem torus :
  INT CONST
  drueber := (y - 2) MOD hoehe + 1 ,
  drunter := y MOD hoehe + 1 ,
  links   := (x - 2) MOD breite + 1 ,
  rechts  := x MOD breite + 1 .

ENDPROC erzeuge
```

40. Selektionsspiel nach M. Eigen.

Für das Studium der Evolution der Arten sind Simulationen lehrreich. Manfred Eigen hat ein Spiel angegeben, das nur wenige Voraussetzungen besitzt. Vier Arten sind auf einem Spielfeld vertreten. Wenn der Vertreter einer Art stirbt, wird ein beliebiges anderes Individuum dupliziert. Überraschenderweise bleibt auf die Dauer nur eine einzige Art übrig. Eigen hat noch viele andere ähnliche Spiele untersucht.

```
erfrage anfangspopulation ;
REP
  einer stirbt ;
  einer wird geboren ;
  zeige population
UNTIL abbruch erwuenscht ENDREP .

abbruch erwuenscht : incharety  = " " .

erfrage anfangspopulation :
  putline ("Gib Anfangspopulation ein:") ;
  TEXT VAR population ;
  getline (population) ;
  page ;
  put ("Selektionsspiel") ;
  cursor (1, 4) ;
  putline (population) .

einer stirbt :
  INT CONST gestorben := random (1, LENGTH population) .

einer wird geboren :
  INT VAR mutter := random (1, LENGTH population - 1) ;
  IF mutter >= gestorben
    THEN mutter INCR 1
  FI ;
  replace (population, gestorben, baby) .

zeige population :
  cursor (gestorben,4) ;
  out (baby) .

baby : population SUB mutter .
```

41. Wir spielen rangieren.

Auf einem Hauptgleis stehen Wagen unterschiedlichen oder gleichen Typs in ungeordneter Reihenfolge. Über eine Weiche sind zwei Nebengleise erreichbar. Der Zug soll in eine nach Wagentyp geordnete Reihenfolge gebracht werden. Ein recht effizientes Verfahren zeigt der folgende Algorithmus.

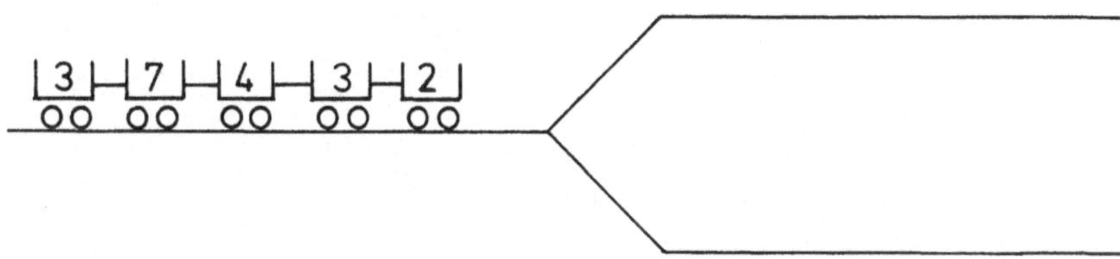

Abb.3: Ausgangszustand des Rangierproblems.

```
PACKET gleise DEFINES GLEIS, :=, leer, voll, <=, =>, get :

  TYPE GLEIS = STRUCT (INT x, y, anfang, ende, ROW 35 INT waggon) ;

  OP := (GLEIS VAR ziel, GLEIS CONST quelle) :
    CONCR (ziel) := CONCR (quelle) ;
    put (ziel)
  ENDOP := ;

  GLEIS PROC leer (INT CONST x, y) :
    GLEIS VAR result ;
    result.x := x ;
    result.y := y ;
    result.anfang := 1 ;
    result.ende := 0 ;
    result
  ENDPROC leer ;

  BOOL PROC leer (GLEIS CONST gleis) :
    gleis.ende < gleis.anfang
  ENDPROC leer ;
```

```
BOOL PROC voll (GLEIS CONST gleis) :
  gleis.anfang = 1 AND gleis.ende = 35
ENDPROC voll ;

OP <= (GLEIS VAR nach, INT CONST waggon) :
  IF voll (nach)
    THEN errorstop ("Gleis voll")
  FI ;
  IF nach.ende = 35
    THEN verschiebe links (nach)
  FI ;
  nach.ende INCR 1 ;
  nach.waggon [nach.ende] := waggon ;
  zeige waggon (nach, nach.ende)
ENDOP <= ;

OP <= (INT VAR waggon, GLEIS VAR von) :
  IF leer (von)
    THEN errorstop ("Gleis leer")
    ELSE waggon := von.waggon [von.anfang] ;
         von.anfang INCR 1 ;
         verschiebe links (von)
  FI
ENDOP <= ;

OP <= (GLEIS VAR nach, von) :
  INT VAR waggon ;
  waggon <= von ;
  nach <= waggon
ENDOP <= ;
```

```
OP => (INT CONST waggon, GLEIS VAR nach) :
  IF voll (nach)
    THEN errorstop ("Gleis voll")
  FI ;
  IF nach.anfang = 1
    THEN verschiebe rechts (nach)
  FI ;
  nach.anfang DECR 1 ;
  nach.waggon [nach.anfang] := waggon ;
  zeige waggon (nach, nach.anfang)
ENDOP => ;

OP => (GLEIS VAR von, INT VAR waggon) :
  IF leer (von)
    THEN errorstop ("Gleis leer")
    ELSE waggon := von.waggon [von.ende] ;
         von.ende DECR 1 ;
         verschiebe rechts (von)
  FI
ENDOP => ;

OP => (GLEIS VAR von, nach) :
  INT VAR waggon ;
  von => waggon ;
  waggon => nach
ENDOP => ;

PROC verschiebe links (GLEIS VAR gleis) :
  INT VAR i ;
  FOR i FROM gleis.anfang UPTO gleis.ende REP
    gleis.waggon [i - 1] := gleis.waggon [i] ;
    zeige waggon (gleis, i - 1)
  PER ;
  zeige schiene (gleis, gleis.ende) ;
  gleis.anfang DECR 1 ;
  gleis.ende   DECR 1 ;
ENDPROC verschiebe links ;
```

```
PROC verschiebe rechts (GLEIS VAR gleis) :

  INT VAR i ;
  FOR i FROM gleis.ende DOWNTO gleis.anfang REP
    gleis.waggon [i + 1] := gleis.waggon [i] ;
    zeige waggon (gleis, i + 1)
  PER ;
  zeige schiene (gleis, gleis.anfang) ;
  gleis.anfang INCR 1 ;
  gleis.ende   INCR 1

ENDPROC verschiebe rechts ;


OP => (GLEIS VAR gleis) :

  WHILE NOT leer (gleis) AND gleis.ende < 35 REP
    verschiebe rechts (gleis)
  PER

ENDOP => ;


OP <= (GLEIS VAR gleis) :

  WHILE NOT leer (gleis) AND gleis.anfang > 1 REP
    verschiebe links (gleis)
  PER

ENDOP <= ;


PROC put (GLEIS CONST gleis) :

  INT VAR i ;
  FOR i FROM 1 UPTO 35 REP
    IF gleis.anfang <= i AND i <= gleis.ende
      THEN zeige waggon  (gleis, i)
      ELSE zeige schiene (gleis, i)
    FI
  PER .

ENDPROC put ;


PROC zeige waggon (GLEIS CONST gleis, INT CONST i) :

  cursor (gleis.x + i, gleis.y) ;
  out (text (gleis.waggon [i] DIV 10) ) ;
  out (""8""10"") ;
  out (text (gleis.waggon [i] MOD 10) )

ENDPROC zeige waggon ;
```

```
  PROC zeige schiene (GLEIS CONST gleis, INT CONST i) :

    cursor (gleis.x + i, gleis.y) ;
    out ("_"8""10"-")

  ENDPROC zeige schiene ;


  PROC get (GLEIS VAR gleis, INT CONST x, y) :

    gleis := leer (x, y) ;
    INT VAR i; TEXT VAR waggon ;
    FOR i FROM 1 UPTO 35 REP
      cursor (1, 23) ;
      get (waggon, 2) ;
      out (""13""5"") ;
      IF int (waggon) > 0
        THEN gleis <= int (waggon)
        ELSE LEAVE get
      FI
    PER

  ENDPROC get ;

ENDPACKET gleise ;



page ;

GLEIS VAR hauptgleis ,
   gleis 0 := leer (40, 7) ,
   gleis 1 := leer (40,13) ;

baue zug auf ;
INT VAR stelle ;
FOR stelle FROM 0 UPTO 6 REP
  verteile waggons auf die nebengleise ;
  stelle zug wieder auf hauptgleis zusammen
PER .

baue zug auf :
cursor (1, 22) ;
putline ("Bitte geben Sie den Zug ein:") ;
get (hauptgleis, 1, 10) ;
=> hauptgleis .
```

```
verteile waggons auf die nebengleise :
cursor (1, 1) ;
put ("Durchlauf:") ;
put (stelle) ;
INT VAR waggon ;
WHILE NOT leer (hauptgleis) REP
  hauptgleis => waggon ;
  IF (waggon DIV 2**stelle) MOD 2 = 0
    THEN waggon => gleis 0
    ELSE waggon => gleis 1
  FI
PER .

stelle zug wieder auf hauptgleis zusammen :
  WHILE NOT leer (gleis 0) REP
    hauptgleis <= gleis 0
  PER ;
  WHILE NOT leer (gleis 1) REP
    hauptgleis <= gleis 1
  PER
```

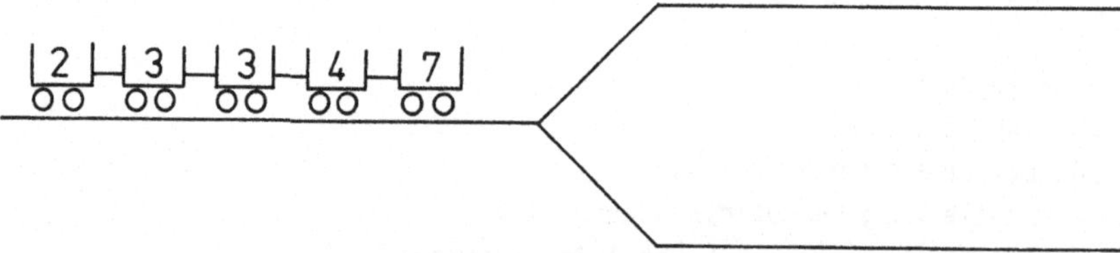

Abb.4: Endzustand des Rangierproblems.

42. Wir zählen Buchstaben.

Zur Vorbereitung für das Codieren und Decodieren einer einfachen Geheimschrift zählen wir die relativen Häufigkeiten von Buchstaben in einem Text. Wir gehen dabei davon aus, daß der Text nur die Standard - Ascii - Zeichen enthält. Sonderzeichen und Zahlen haben einen ASCII - Code von 32 - 64, Großbuchstaben einen Code von 65 - 90, Kleinbuchstaben einen Code von 97 - 122.
Wir zählen nur die 26 Buchstaben des Alphabets und sorgen dafür, daß Großbuchstaben und Kleinbuchstaben durch denselben Zähler erfaßt werden.

```
LET kleinbuchstaben = "abcdefghijklmnopqrstuvwxyz" ,
    grossbuchstaben = "ABCDEFGHIJKLMNOPQRSTUVWXYZ" ;

ROW 26 INT VAR anzahl :=
  ROW 26 INT:(0,0,0,0,0,0,0,0,0,0,0,0,0,0,0,0,0,0,0,0,0,0,0,0,0,0) ;
FILE VAR f :: sequentialfile ( input, "t") ;

ermittle haeufigkeiten ;
drucke prozentuale haeufigkeiten aus .

ermittle haeufigkeiten :
  INT VAR betrachtete zeichen := 0 ;
  WHILE NOT eof (f) REP
    lies zeichen ;
    untersuche zeichen ;
    IF ist buchstabe
      THEN anzahl [buchstabenindex] INCR 1 ;
           betrachtete zeichen INCR 1
      FI
  ENDREP .

lies zeichen :
  TEXT VAR zeichen ;
  get (f, zeichen, 1) .

untersuche zeichen :
  INT VAR buchstabenindex := pos (kleinbuchstaben, zeichen);
  IF buchstabenindex = 0
    THEN buchstabenindex := pos (grossbuchstaben, zeichen)
  FI .

ist buchstabe : buchstabenindex > 0 .
```

```
drucke prozentuale haeufigkeiten aus :
  put (" a  b  c  d  e  f  g  h  i  j  k  l  m") ;
  put (" n  o  p  q  r  s  t  u  v  w  x  y  z") ;
  line ;
  INT VAR i ;
  FOR i FROM 1 UPTO 26 REP
    put (text (anzahl [i] * 100 DIV betrachtete zeichen, 2))
  ENDREP ;
  line .
```

Englische Texte wird man i.a. von deutschen durch die Häufigkeit des Buchstabens "y" unterscheiden können.

43. Wir untersuchen eine einfache Geheimschrift.

Einfache Geheimschriften benützen eine feste Zuordnung von Originalbuchstaben zu Geheimschriftbuchstaben, welche durch eine Permutation des Alphabets entsteht. Im folgenden gehen wir von einem Original aus, das nur Kleinbuchstaben ohne deutsche Umlaute enthält.

```
LET alphabet = " abcdefghijklmnopqrstuvwxyz" ;
erfrage schluessel ;
IF   yes ("codieren")   THEN codiere eingabe
ELIF yes ("decodieren") THEN decodiere eingabe
FI .

erfrage schluessel:
  putline ("Bitte Schlüsselliste eingeben:") ;
  putline (alphabet) ;
  TEXT VAR schluessel; getline (schluessel) .

codiere eingabe :
  REP
    lies zeichen ;
    IF ist steuerzeichen THEN LEAVE codiere eingabe FI ;
    verschluessele zeichen
  PER .

decodiere eingabe :
  REP
    lies zeichen ;
    IF ist steuerzeichen THEN LEAVE decodiere eingabe FI ;
    entschluessele zeichen
  PER .

lies zeichen :
  TEXT VAR zeichen; inchar (zeichen) .

ist steuerzeichen : zeichen < " " .

verschluessele zeichen : out (schluessel SUB pos (alphabet, zeichen)) .
entschluessele zeichen : out (alphabet SUB pos (schluessel, zeichen)) .
```

44. Wir schreiben eine bessere Geheimschrift.

Geheimschriften wie im vorigen Beispiel haben den Nachteil, daß sie dadurch leicht entschlüsselt werden können, daß derselbe Buchstabe immer dieselbe Zuordnung erfährt. Die im Buch ebenfalls dargestellte Häufigkeitszählung der Buchstaben in einem Text kann man dann dazu benutzen, um einen Teil der Originalzeichen zu bestimmen und den Rest des Textes von seiner Bedeutung her zu erraten. (Vgl. einschlägige Fernsehsendungen)
In diesem Beispiel machen wir uns die Pseudoeigenschaft des Zufallsgenerators zunutze; wenn man ihn mit derselben Startzahl startet, liefert er auch dieselbe Zahlenfolge, eben weil er nur ein Pseudozufallsgenerator ist. Die Entschlüsselung dürfte nur jemandem ohne weiteres gelingen, der über die Startzahl und denselben Zufallsgenerator verfügt.

```
LET alphabet = " abcdefghijklmnopqrstuvwxyz" ;
erfrage schluessel ;
initialize random (schluessel) ;
IF   yes ("codieren")   THEN codiere eingabe
ELIF yes ("decodieren") THEN decodiere eingabe
FI .

erfrage schluessel:
  put ("Bitte Schlüsselwert eingeben:") ;
  INT VAR schluessel ;
  get (schluessel) .

codiere eingabe :
  REP
    lies zeichen ;
    IF ist steuerzeichen
      THEN LEAVE codiere eingabe
    FI ;
    verschluessele zeichen
  PER .

decodiere eingabe :
  REP
    lies zeichen ;
    IF ist steuerzeichen
      THEN LEAVE decodiere eingabe
    FI ;
    entschluessele zeichen
  PER .
```

```
lies zeichen :
  TEXT VAR zeichen ;
  inchar (zeichen) .

ist steuerzeichen : zeichen < " " .

verschluessele zeichen :
  INT VAR
  index := pos (alphabet, zeichen) + random (1, LENGTH alphabet) ;
  IF index > LENGTH alphabet
    THEN index DECR LENGTH alphabet
  FI ;
  out (alphabet SUB index) .

entschluessele zeichen :
  index := pos (alphabet, zeichen) - random (1, LENGTH alphabet) ;
  IF index < 1
    THEN index INCR LENGTH alphabet
  FI ;
  out (alphabet SUB index) .
```

45. Drei Chinesen mit dem Kontrabass.

Der bekannte Kinderreim soll an allen Stellen, an denen Vokale vorkommen, auf andere Vokale umgeändert werden. Die Refinments des Programms erklären es ohne jeden weiteren Kommentar.

Drei Chinesen mit dem Kontrabass
sassen auf der Strasse und erzaehlten sich was;
da kam die Polizei und fragte, was ist das ?
Drei Chinesen mit dem Kontrabass!

Draa Chanasan mat dam Kantrabass
sassan aaf dar Strassa and arzaahltan sach was;
da kam daa Palazaa and fragta, was ast das ?
Draa Chanasan mat dam Kantrabass!

Dree Chenesen met dem Kentrebess
sessen eef der Stresse end erzeehlten sech wes;
de kem dee Pelezee end fregte, wes est des ?
Dree Chenesen met dem Kentrebess!

Drii Chinisin mit dim Kintribiss
sissin iif dir Strisse ind irziihltin sich wis;
di kim dii Pilizii ind frigti, wis ist dis ?
Drii Chinisin mit dim Kintribiss!

Droo Chonoson mot dom Kontroboss
sosson oof dor Strosso ond orzoohlton soch wos;
do kom doo Polozoo ond frogto, wos ost dos ?
Droo Chonoson mot dom Kontroboss!

Druu Chunusun mut dum Kuntrubuss
sussun uuf dur Strussu und urzuuhltun such wus;
du kum duu Puluzuu und frugtu, wus ust dus ?
Druu Chunusun mut dum Kuntrubuss!

```
ROW 4 TEXT CONST vers := ROW 4 TEXT:
                ( "Drei Chinesen mit dem Kontrabass" ,
                  "sassen auf der Strasse und erzaehlten sich was;",
                  "da kam die Polizei und fragte, was ist das ?" ,
                  "Drei Chinesen mit dem Kontrabass!" ) ;

strophe ("a") ;
strophe ("e") ;
strophe ("i") ;
strophe ("o") ;
strophe ("u") ;

PROC strophe (TEXT CONST neuer vokal) :

  INT VAR zeile ;
  FOR zeile FROM 1 UPTO 4 REP
    drucke vers ;
    line
  PER ;
  line .

drucke vers :
  INT VAR index ;
  FOR index FROM 1 UPTO LENGTH vers [zeile] REP
    drucke zeichen
  PER .

drucke zeichen :
  IF ist vokal
    THEN out (neuer vokal)
    ELSE out (zeichen)
  FI .

ist vokal : pos ("aeiou", zeichen) > 0 .

zeichen   : vers [zeile] SUB index .

ENDPROC strophe ;
```

46. Die b-Sprache, eine einfache Kindersprache.

Kinder lieben Spiele mit Sprache. Da gibt es lautmalerische Elemente, die Tierlaute nachahmen. Andere Vokalverstärkungen benützt das sogenannte "Schweinelatein" sowie die sogenannte b-Sprache. Die letztgenannte Sprache wollen wir in einem einfachen Programm erzeugen. Sie verstärkt jeden vorkommenden Vokal durch den Konsonanten "b" und eine gleichlautende Wiederholung. Natürlich muß man auf Doppellaute aufpassen.
Es gibt Kinder, die nach kurzer Einübung eine große Fertigkeit in der Sprache entwikkeln.
Im Programm gehen wir der Einfachheit halber davon aus, daß der so ergänzte Text nur Kleinbuchstaben enthält und keine deutsche Umlautschreibweise.
Für die ELIF-Anweisungen kommt es auf die Reihenfolge an.

```
hole text ;
gibib tebext aubaus .

hole text :
  putline ("Bitte Originaltext:") ;
  TEXT VAR original; getline (original) .

gibib tebext aubaus :
  INT VAR index := 1 ;
  WHILE index <= LENGTH original REP
    gibib zeibeicheben aubaus
  PER; line .

gibib zeibeicheben aubaus :
  IF ist doppelvokal
    THEN out (doppelzeichen + "b" + doppelzeichen); index INCR 2
  ELIF ist vokal
    THEN out (zeichen + "b" + zeichen); index INCR 1
    ELSE out (zeichen); index INCR 1
  FI .

ist vokal :         pos ("aäeioöuü", zeichen) > 0 .
ist doppelvokal :   pos ("auäueuaieiey", doppelzeichen) MOD 2 = 1 .
zeichen :           original SUB index .
doppelzeichen :     subtext (original, index, index+1) .
```

Beispiel für einen Ausdruck:
Eingabe-Satz: heute ist dienstag und die sonne scheint.
Ausgabesatz: heubeutebe ibist diebienstabag ubund diebie sobonnebe scheibeint.

47. Das Spiel Mastermind.

Allgemein bekannt sind die Spielregeln des Spiels "Mastermind", eines Denkspiels für 2 Personen. Wir spielen es hier mit einer Kombination von vier Farben aus einem Vorrat von 6 Farben. Der Computer übernimmt die Rolle des Protokollanten, so daß dem Menschen die reizvollere Rolle des Ratenden und Nachdenkenden bleibt. Die weißen Marker zeigen an, daß eine Farbe in der richtigen Position richtig geraten wurde, die schwarzen, daß eine Farbe in anderer Position richtig geraten wurde. Die Farben sind durch natürliche Zahlen von 1 bis 6 codiert.

```
LET felder = 4, erlaubte versuche = 15 ;
erzeuge zu ratende kombination ;
INT VAR versuch ;
FOR versuch FROM 1 UPTO erlaubte versuche REP
  lasse raten ;
  bewerte versuch
UNTIL kombination erraten PER .

erzeuge zu ratende kombination :
  ROW felder INT VAR zu raten ;
  INT VAR i ;
  FOR i FROM 1 UPTO felder REP
    zu raten [i] := random (0,9)
  PER .

lasse raten :
  INT VAR richtige werte := 0 ,
          richtige positionen := 0 ;
  FOR i FROM 1 UPTO felder REP
    get (feld) ;
  ENDREP ;
  deklariere ;
  loesche ;
  hole hoechstzahl von versuchen ;
  INT VAR versuchszahl :: 1 ;
  WHILE versuchszahl <= hoechstzahl
      AND erratene kombination <> erzeugte kombination REP
    gib erratene kombination ein ;
    setze marker und gib sie aus ;
    versuchszahl INCR 1
  ENDREP ;
  gib die aufgestellte kombination aus .
```

```
erzeuge zufallskombination von 4 aus 6 farben :
  FOR i FROM 1 UPTO 4 REP
    feld [i] := random (1, 6)
  END REPEAT .

erzeugte kombination :
  1000 * feld [1] + 100 * feld [2] + 10 * feld [3] + feld [4] .

hole hoechstzahl von versuchen :
  put ("Gewuenschte Hoechstzahl von Versuchen?") ;
  INT VAR hoechstzahl; get (hoechstzahl) .

gib erratene kombination ein :
  line; put ("Neue Eingabe!") ;
  INT VAR i :: 1 ;
  WHILE i <= 4 REP
    line; put ("Feld"); put (i); put (":") ;
    get (farben [i]) ;
    IF farben [i] <= 6 THEN i INCR 1 FI
  ENDREP .

erratene kombination :
 1000 * farben [1] + 100 * farben [2] + 10 * farben [3] + farben [4].

setze marker und gib sie aus :
 loesche marker ;
 INT VAR j ;
 FOR i FROM 1 UPTO 4 REP
   IF farben [i] = feld [i]
     THEN weisse marker INCR 1; weiss [i] := TRUE
   FI
 ENDREP ;
 line; put ("Richtige Farbe und richtige Position:") ;
 put (weisse marker) ;
 FOR i FROM 1 UPTO 4 REP
   FOR j FROM 1 UPTO 4 REP
     IF farben [i] = feld [j]
        AND noch nicht beruecksichtigt
      THEN schwarze marker INCR 1; schwarz [j] := TRUE
     FI
   ENDREP
 ENDREP ;
 line; put ("Richtige Farbe ohne richtige Position:") ;
 put (schwarze marker) .
```

```
noch nicht beruecksichtigt:
   NOT (weiss [j]) AND NOT (schwarz [j]) .


gib die aufgestellte kombination aus :
  line; put (" Die aufgestellte Kombination heisst:") ;
  put (erzeugte kombination) .

deklariere :
  ROW 4 BOOL VAR weiss, schwarz ;
  INT VAR weisse marker, schwarze marker ;
  ROW 4 INT VAR feld, farben .

loesche marker :
  FOR i FROM 1 UPTO 4 REP
    weiss   [i] := FALSE ;
    schwarz [i] := FALSE
  END REP ;
  weisse marker := 0; schwarze marker := 0 .

loesche :
  loesche marker ;
  FOR i FROM 1 UPTO 4 REP
    feld   [i] := 0 ;
    farben [i] := 0
  END REP .
```

48. Die Türme von Hanoi.

Für das Geduldspiel "Türme von Hanoi" sind drei Stellplätze vorhanden. Ein Turm mit n unterschiedlich großen Scheiben, bei dem immer die kleinere über der größeren Scheibe liegt, soll vom Stellplatz 1 zum Stellplatz 3 gebracht werden. Dabei kann der Stellplatz 2 als Hilfsplatz eingeschaltet werden.

Nach einigem Spiel mit geringer Klotzanzahl begreift man eine rekursive Strategie: Um einen Turm mit n Klötzen von 1 nach 3 zu bringen, schafft man einen solchen mit n – 1 Klötzen von 1 nach 2, transportiert dann die unterste Scheibe von 1 nach 3 und befindet sich in der Mitte des Spiels. Anschließend wird der Turm mit n – 1 Klötzen von 2 nach 3 gebracht.

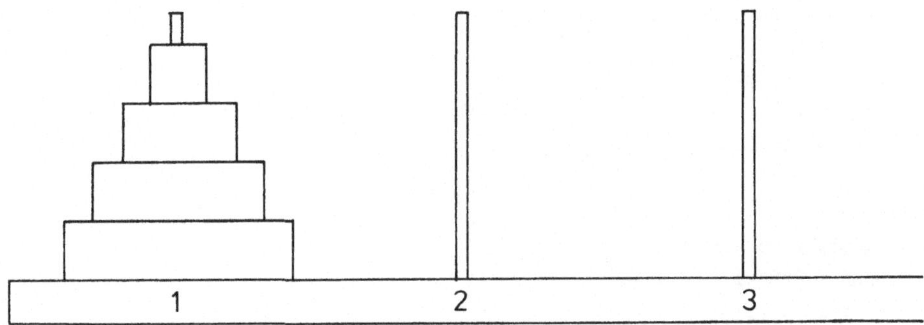

Abb.5: Geduldsspiel von Hanoi.

```
PROC schleppe turm (INT CONST n, woher, zwischen, wohin) :
  IF n > 1
    THEN schleppe turm (n - 1, woher, wohin, zwischen) ;
  FI ;
  schleppe n te scheibe ;
  IF n > 1
    THEN schleppe turm (n - 1, zwischen, woher, wohin)
  FI .

schleppe n te scheibe :
  put (woher) ;
  put ("-------->") ;
  put (wohin); line .

END PROC schleppe turm ;

schleppe turm (4, 1, 2, 3) ;
```

49. Magische Quadrate.

Von alters her haben magische Quadrate die Menschen fasziniert. Albrecht Dürer hat auf seinem berühmten Gemälde "Melancholie" ein solches Quadrat abgebildet.
Magische Quadrate sind Quadrate mit aufeinanderfolgenden natürlichen Zahlen, die so angeordnet sind, daß sich die gleiche Summe in den Zeilen, Spalten und Diagonalen ergibt. Nach einer alten Vorschrift lassen sich Quadrate mit ungerader Zeilenzahl in folgender Weise konstruieren:

a) Die Zahl 1 wird in der letzten Zeile in der Mitte eingetragen.
b) Der Nachfolger kommt jeweils in das Feld schräg rechts unter den Vorgänger, falls das Feld nicht schon besetzt ist.
c) Stößt man auf ein besetztes Feld, so nimmt man das Feld schräg links unter dem besetztem.
d) Bei Randüberschreitung verfährt man zyklisch in allen 4 Richtungen.

```
LET n = 15 ;
erzeuge leeres quadrat ;
beginne in der mitte der letzten zeile ;
INT VAR zahl ;
FOR zahl FROM 1 UPTO n*n REP
  besetze feld mit zahl ;
  nach rechts unten ;
  IF feld schon besetzt
    THEN nach links unten
  FI
PER .

erzeuge leeres quadrat :
  ROW n ROW n INT VAR quadrat ;
  INT VAR zeile, spalte ;
  FOR spalte FROM 1 UPTO n REP quadrat [1] [spalte] := 0 PER ;
  FOR zeile  FROM 2 UPTO n REP quadrat [zeile] := quadrat [1] PER ;
  page .

beginne in der mitte der letzten zeile :
  zeile  := n ;
  spalte := n DIV 2 + 1 .
```

```
nach rechts unten :
  IF zeile < n
    THEN zeile INCR 1
    ELSE zeile := 1
  FI ;
  IF spalte < n
    THEN spalte INCR 1
    ELSE spalte := 1
  FI .

nach links unten :
  IF zeile < n
    THEN zeile INCR 1
    ELSE zeile := 1
  FI ;
  IF spalte > 1
    THEN spalte DECR 1
    ELSE spalte := n
  FI .

besetze feld mit zahl :
  cursor (4 * spalte, zeile) ;
  put (zahl) ;
  quadrat [zeile] [spalte] := zahl .

feld schon besetzt : quadrat [zeile] [spalte] <> 0 .
```

Beispiel eines magischen Quadrates der Größe 15

73	171	59	157	45	143	16	129	2	115	213	101	199	87	185
186	74	172	60	158	31	144	17	130	3	116	214	102	200	88
89	187	75	173	46	159	32	145	18	131	4	117	215	103	201
202	90	188	61	174	47	160	33	146	19	132	5	118	216	104
105	203	76	189	62	175	48	161	34	147	20	133	6	119	217
218	91	204	77	190	63	176	49	162	35	148	21	134	7	120
106	219	92	205	78	191	64	177	50	163	36	149	22	135	8
9	107	220	93	206	79	192	65	178	51	164	37	150	23	121
122	10	108	221	94	207	80	193	66	179	52	165	38	136	24
25	123	11	109	222	95	208	81	194	67	180	53	151	39	137
138	26	124	12	110	223	96	209	82	195	68	166	54	152	40
41	139	27	125	13	111	224	97	210	83	181	69	167	55	153
154	42	140	28	126	14	112	225	98	196	84	182	70	168	56
57	155	43	141	29	127	15	113	211	99	197	85	183	71	169
170	58	156	44	142	30	128	1	114	212	100	198	86	184	72

VI. SIMULATIONEN.

50. Wir steuern einen Regelkreis.

Viele technische Vorgänge halten einen Vorgang durch Regelung im Gleichgewicht. Im folgenden Programm wird ein Wasserbehälter, der mit Zulauf und Ablauf versehen ist so gefüllt, daß innerhalb vorgegebener Grenzen eine bestimmte Füllhöhe eingehalten wird. Werden die Grenzen überschritten, erfolgt über Ventile ein zusätzlicher Ablauf, werden sie unterschritten, ein zusätzlicher Zulauf. So wird ein dynamisches Gleichgewicht eingestellt, das über eine einfache graphische Anzeige der Füllhöhe verfolgt werden kann.

```
erfrage regelgroessen ;
stelle leeren behaelter auf ;
REP
  lasse kurz konstant zu und ablaufen ;
  zeige fuellhoehe
UNTIL simulation abbrechen PER .

erfrage regelgroessen :
  REAL VAR normaler zulauf, normaler ablauf,
           sonderzulauf, sonderablauf,
           minimalhoehe, maximalhoehe ;
  put ("Zulauf:");          get (normaler zulauf) ;
  put ("Ablauf (bei Füllhöhe 1.0):"); get (normaler ablauf) ;
  put ("Minimalhoehe:");    get (minimalhoehe) ;
  put ("Mehrzulauf bei Unterschreiten der Minimalhoehe:");
                            get (sonderzulauf) ;
  put ("Maximalhoehe:");    get (maximalhoehe) ;
  put ("Mehrablauf bei Überschreiten der Maximalhoehe:") ;
                            get (sonderablauf) .
```

```
stelle leeren behaelter auf :
  REAL VAR fuellhoehe := 0.0 .

lasse kurz konstant zu und ablaufen :
  fuellhoehe INCR (normaler zulauf - druckabhaengiger ablauf) ;
  IF fuellhoehe < minimalhoehe
    THEN fuellhoehe INCR sonderzulauf
  ELIF fuellhoehe > maximalhoehe
    THEN fuellhoehe DECR sonderablauf
  FI .

druckabhaengiger ablauf : fuellhoehe * normaler ablauf .
simulation abbrechen : incharety <> "" .
zeige fuellhoehe : putline (int (fuellhoehe * 40.0) * "*") .
```

```
Zulauf: 0.1
Ablauf (bei Füllhöhe 1.0): 0.1
Minimalhoehe: 0.3
Mehrzulauf bei Unterschreiten der Minimalhoehe: 0.15
Maximalhoehe: 0.8
Mehrablauf bei Überschreiten der Maximalhoehe: 0.15

**********
*************
***************
******************
********************
**********************
************************
*************************
***************************
****************************
*****************************
******************************
*******************************
**************************
***************************
****************************
******************************
*******************************
*******************************
**************************
****************************
```

Abb.6: Histogramm einer Regelung.

51. Stochastische Ausbreitung eines Gerüchts.

Die Ausbreitung einer Nachricht kann zentral (z.B. durch Lautsprecher) oder durch Weitergabe zwischen Informierten und Nichtinformierten erfolgen. Im zweiten Fall ergibt sich eine zunächst langsame Zunahme der Informierten, dann ein rasches Anwachsen, schließlich ein wieder langsames Ausklingen bis zur totalen Information der gesamten Grundmenge (Logistische Funktion).
Diesen Sachverhalt kann man durch eine Differentialgleichung erfassen und diese numerisch lösen. Einfacher läßt sich aber auch eine Simulation unter Verwendung des Zufallsgenerators ansetzen. Das Programm benützt eine Grundmenge von 100 Schülern, z.B. auf einem Pausenhof. Nur ein einziger Schüler kennt anfangs das Gerücht. ("Morgen fällt die Schule aus!"). Im Programm wird der Boolesche Operator XOR verwendet, um die Weitergabe des Gerüchts genau dann zu gewährleisten, wenn von zwei zufällig ausgesuchten Schülern der eine das Gerücht kennt und der andere nicht. Dabei wird der kleine Fehler vernachlässigt, der entsteht, wenn der Zufallsgenerator mit sehr kleiner Wahrscheinlichkeit im Intervall von 1 bis 100 zufällig unmittelbar hintereinander denselben Schüler aussucht.

```
einer von hundert weiss bescheid ;
WHILE es gibt noch unwissende REP
  verbreite das geruecht
PER .

einer von hundert weiss bescheid :
  INT VAR wissende schueler := 1 ;
  ROW 100 BOOL VAR wissend ;
  wissend [1] := TRUE ;
  INT VAR i ;
  FOR i FROM 2 UPTO 100 REP wissend [i] := FALSE PER .

es gibt noch unwissende : wissende schueler < 100 .

verbreite das geruecht :
  zwei treffen sich zufaellig ;
  IF genau einer kennt es
    THEN erzaehle es dem anderen
  FI ;
  zeige die ausbreitung .

zwei treffen sich zufaellig :
  INT CONST erster := random (1, 100), zweiter := random (1, 100) .
```

```
genau einer kennt es : wissend [erster] XOR wissend [zweiter] .

erzaehle es dem anderen :
  wissend [erster]  := TRUE ;
  wissend [zweiter] := TRUE ;
  wissende schueler INCR 1 .

zeige die ausbreitung :
  line; put ((wissende schueler DIV 2) * "*"); put (wissende schueler) .
```

Beispiel (nur jede zwanzigste Zeile wurde gezeigt):

```
 1
 1
* 2
* 3
** 5
**** 9
****** 12
********* 19
************* 27
**************** 33
********************* 43
**************************** 56
******************************** 65
*************************************** 78
****************************************** 85
********************************************* 90
********************************************** 93
************************************************ 96
************************************************ 97
************************************************* 99
************************************************* 99
************************************************* 99
************************************************* 99
************************************************* 99
************************************************* 99
************************************************* 99
************************************************* 99
************************************************** 100
```

Abb.7: Ausbreitung eines Gerüchts.

52. Ein einfaches Diffusionsmodell.

Ein Tropfen Tinte fällt in Wasser. Auch ohne Umrühren ist nach einiger Zeit das ganze Becherglas einheitlich hellblau gefärbt. Wie ist dieser Vorgang zu erklären?
Der Physiker Ehrenfest hat dazu ein einfaches Modell gebraucht: In zwei Kammern sind Moleküle untergebracht, die numeriert sind. Anfangs sind alle in der rechten Kammer. Die Trennwand zwischen den Kammern hat ein Loch, so daß Moleküle von der einen Kammer in die andere gelangen können. In der Simulation geschieht das so, daß ein Zufallsgenerator eine Molekülnummer zwischen 1 und 23*40 auswählt. Befindet sich dieses Molekül in der linken Kammer, wird es in die rechte Kammer gebracht, und in entsprechender Weise geschieht es umgekehrt.
Man kann auf dem Bildschirm beobachten, wie sich nach einiger Zeit ein dynamisches Gleichgewicht derart einstellt, daß etwa gleichviel Moleküle sich in beiden Kammern aufhalten.
Veränderte Bedingungen ergeben sich, wenn die Wahrscheinlichkeit, von links nach rechts zu gelangen, größer ist als die Wahrscheinlichkeit, von rechts nach links zu gelangen: die Trennwand ist in einer Richtung voll durchlässig, in der anderen nur halbdurchlässig. (Vgl. die Theorie des osmotischen Druckes)

Im Programm stellen wir die Kammern als Seitenansicht von rechts dar. Die Moleküle der rechten Kammer stellen wir als "O", die der linken als "o" dar.

```
erzeuge beide kammern ;
REP
  ein molekuel diffundiert
UNTIL simulation abbrechen PER .

erzeuge beide kammern :
  LET links = 1, rechts = 2;
  INT VAR linke molekuele  := 0 ,
          rechte molekuele := 23 * 40 ;
  ROW 40 ROW 23 INT VAR molekuel ;
  page ;
  INT VAR x, y;
  FOR x FROM 1 UPTO 40 REP
    FOR y FROM 1 UPTO 23 REP
      molekuel [x] [y] := rechts ;
      cursor (2 * x, y); put ("#")
    ENDRREP
  ENDREP.
```

```
ein molekuel diffundiert :
  waehle molekuel ;
  IF molekuel [x] [y] = rechts
    THEN nach links
    ELSE nach rechts
  FI ;
  zeige verteilung .

waehle molekuel :
  x := random (1, 40) ;
  y := random (1, 23) .

nach links :
  cursor (2 * x, y) ;
  put ("+") ;
  molekuel [x] [y] := links ;
  linke molekuele INCR 1 ;
  rechte molekuele DECR 1 .

nach rechts :
  cursor (2 * x, y) ;
  put ("#") ;
  molekuel [x] [y] := rechts ;
  rechte molekuele INCR 1 ;
  linke  molekuele DECR 1 .

zeige verteilung :
  cursor (1, 24) ;
  put ((linke molekuele DIV 12) * "*") ;
  put (text (real (linke molekuele)/ 9.20, 5, 1) + "%") .

simulation abbrechen : incharety <> "" .
```

53. Ein Raumschiff umkreist die Erde.

Im Schwerefeld des Zentralkörpers Erde gelten für die Bewegung eines Raumschiffes die Keplerschen Gesetze. Wir nehmen an, das Raumschiff wird in 10 km Höhe mit einer waagerechten Geschwindigkeitskomponente losgeschossen und hinterher der Gravitationskraft überlassen. Dann vollzieht es mit 8 km/h eine Kreisbahn, mit 11 km/h noch eine Ellipsenbahn, mit etwas höherer Geschwindigkeit im Grenzfall eine Parabelbahn und schließlich eine Hyperbelbahn um den Erdmittelpunkt.
Die exakte Lösung der zugehörigen Differentialgleichung ist schwierig. Jedoch reicht hier eine einfache Näherung aus: für kleine Zeitspannen, z.B. für 10 Sekunden, wird die Bewegung als geradlinig gleichförmig betrachtet. Mit der aktuellen Geschwindigkeitskomponente gilt das s = v * t -Gesetz in x-Richtung und in y-Richtung. Anschließend wird die Geschwindigkeit komponentenweise so dekrementiert, wie es dem Gravitationsgesetz entspricht. Dabei wird die Komponentenzerlegung auf elegante Weise durch den Einheitsvektor r/ r bewirkt, so daß die dritte Potenz des Radius in das Gravitationsgesetz eingeht:

```
F = f * m * M * r / r ** 3
```

Bei der Verrechnung dieser Kraft fällt die Masse des Raumschiffes M heraus.
Es ist unnötig, in denselben kurzen Zeitspannen auch auszudrucken. Für eine Bildschirmdarstellung reicht z.B. ein Druckmodul von 10 Minuten = 600 Sekunden, für eine Plotterdarstellung wird man alle 5 Sekunden berechnen und alle Minuten zeichnen lassen, um in den oben erwähnten Fällen mit kleinerer Anfangsgeschwindigkeit eine geschlossene Bahn zu erhalten.
Alle anderen Einzelheiten können unmittelbar dem Programm entnommen werden.

```
eingabe der anfangsdaten ;
zeige koordinatensystem ;
REP
  zeige position ;
  schreite gleichfoermig weiter ;
  berechne neue position ;
UNTIL simulation abbrechen PER .
```

```
eingabe der anfangsdaten :
  REAL VAR x, y, vx, vy ;
  LET fm = 398500.0, delta t = 1.0; INT VAR t := 0 ;
  put ("Anfangsort?"); put ("x="); get (x) ;
                       put ("y="); get (y); line ;
  put ("Geschwindigkeit?"); put ("vx="); get (vx) ;
                            put ("vy="); get (vy) ;
                            line (2) .

zeige koordinatensystem :
  page ;
  zeige achsen ;
  zeige ort des zentralkoerpers .

zeige ort des zentralkoerpers :
  cursor (40, 12); out ("O") .

zeige achsen :
  cursor (1, 12) ;
  out (78 * "-") ;
  INT VAR i ;
  FOR i FROM 1 UPTO 24 REP
    cursor (40, i) ;
    out ("l")
  END REP .

schreite gleichfoermig weiter :
  REAL VAR x hilf := x + vx * delta t ;
  REAL VAR y hilf := y + vy * delta t .

berechne neue position :
  REAL CONST r := sqrt (x**2 + y**2) ,
             ffm := fm * delta t/(r**3) ;
  vx DECR ffm * x ;
  vy DECR ffm * y ;
  x := x hilf ;
  y := y hilf .
```

```
zeige position :
  t INCR 1 ;
  IF t = 100
    THEN cursor (int (round (x/1000.0, 0)) + 40,
                 int (round (y/2000.0, 0)) + 12) ;
         out ("*"); t := 0
  FI .

simulation abbrechen : incharety <> "" .
```

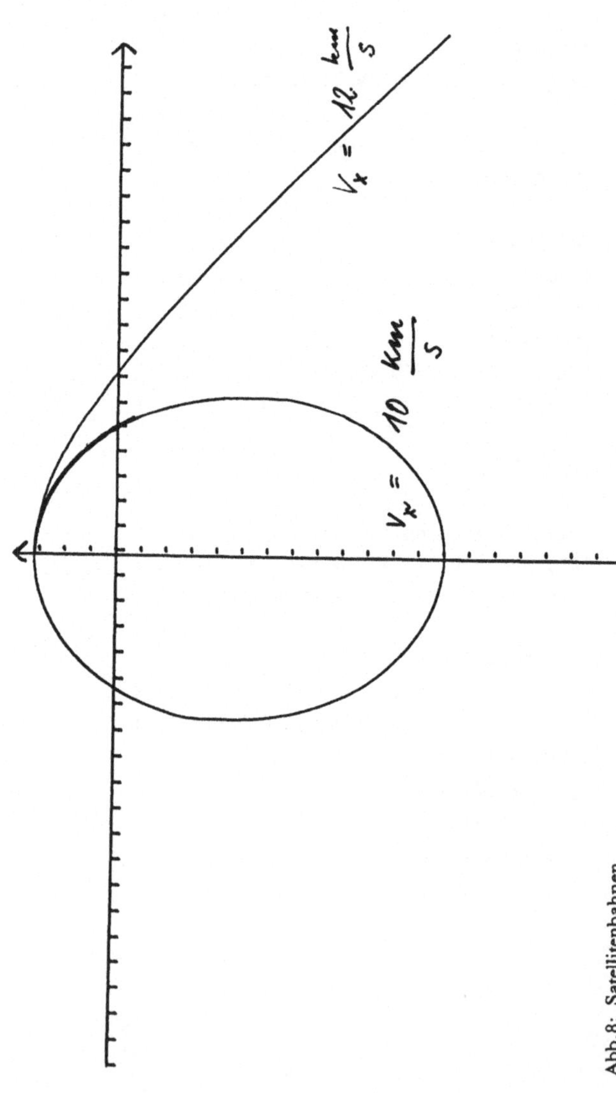

Abb.8: Satellitenbahnen.

54. Das Lernexperiment von Pawlow.

Eine der einfachsten Theorien des Lernens bezieht sich auf das Lernen, wie es bei der Dressur von Tieren üblich ist: durch häufige Wiederholung wird eingeprägt, daß auf ein bestimmtes Ereignis (hier: Glockenton) immer ein anderes Ereignis (hier: Futter) folgt. Schließlich wird die Erwartung des zweiten Ereignisses so sicher, daß Reaktionen darauf (hier: Speichelfluß) schon eintreten, wenn nur das erste Ereignis (Glocke) kommt.
Dieses Experiment hat Pawlow mit Hunden angestellt. Allerdings gibt es auch ein Vergessen des Gelernten: Wenn zu häufig nach bereits erfolgreicher Dressur nur die Glocke ertönt und kein Futter verabreicht wird, tritt kein Speichelfluß mehr ein.
Im Programm wird mit Booleschen Variablen gearbeitet und der Speichelfluß akustisch dargestllt. Die Lernschwelle liegt über der Vergessensschwelle.

```
INT VAR i, j ;
REAL VAR lernpotential :: 0.0 ;
TEXT VAR antwort ;
BOOL VAR gelernt :: FALSE, futter, glocke ;
dressiere den hund .

dressiere den hund :
  FOR i FROM 1 UPTO 50 REP
    eingabe ;
    IF futter AND glocke
      THEN lernpotential INCR 1.0
      ELSE lernpotential DECR 0.5
    FI ;
    pruefe die dressur
  ENDREP .

eingabe :
  put (i) ;
  put ("(Lernpotential momentan =" + text (lernpotential) + ")") ;
  line; put ("FUTTER ?") ;
  inchar (antwort); out (antwort); line ;
  IF antwort = "j"   THEN futter := TRUE
                     ELSE futter := FALSE
  FI ;
  put ("GLOCKE ?") ;
  inchar (antwort); out (antwort); line ;
  IF antwort = "j"   THEN glocke := TRUE
                     ELSE glocke := FALSE
  FI .
```

```
pruefe die dressur :
  IF lernpotential >= 5.0
    THEN gelernt := TRUE
  ELIF lernpotential <= 3.0
    THEN gelernt := FALSE
  FI ;
  IF gelernt
    THEN speichelfluss
  FI .

speichelfluss :
  FOR j FROM 1 UPTO 3 REP
    out (""7""); pause(7)
  ENDREP .
```

Erweiterungsmöglichkeit :

Man programmiert zwei Pawlow - Hunde, von denen der kluge eine niedrige Lernschwelle und der dumme eine hohe Lernschwelle hat. Dieses Experiment ist für die Leute, die meinen, daß ein Automat sich immer gleich verhalten müsse, besonders interressant.

55. 10 Schützen schießen auf 10 Tauben.

Wenn 10 Schützen auf 10 Tauben schießen, kommen einige Tauben mit dem Leben davon, auch wenn die Schützen Meister sind: denn einige werden auf dieselbe Taube schießen. Wieviel Tauben überleben?
Simulationen dieser Art muß man hinreichend häufig durchführen, um zuverlässige Erwartungswerte zu erhalten. Den Rahmen dieser Simulation kann man auch für viele andere Simulationen brauchen.

```
INT VAR zaehler, gesamtzaehler :: 0 ;
gib zahl der versuche ein ;
FOR zaehler FROM 1 UPTO zahl der versuche REP
  fuehre versuch durch ;
  erhoehe gesamtzaehler
ENDREP ;
gib erwartungswert aus .

gib zahl der versuche ein :
  put ("Zahl der Versuche?") ;
  INT VAR zahl der versuche ;
  get (zahl der versuche) .

fuehre versuch durch :
  ROW 10 INT VAR taubennummer ;
  INT VAR i, erfolgszaehler :: 0 ;
  numeriere tauben ;
  lasse auf tauben schiessen ;
  zaehle die ueberlebenden .

numeriere tauben :
  FOR i FROM 1 UPTO 10 REP
    taubennummer [i] := i
  ENDREP .

lasse auf tauben schiessen :
  FOR i FROM 1 UPTO 10 REP
    taubennummer [random (1, 10)] := 0
  ENDREP .
```

```
  zaehle die ueberlebenden :
    FOR i FROM 1 UPTO 10 REP
      IF taubennummer [i] <> 0
        THEN erfolgszaehler INCR 1
      FI
    ENDREP .

 erhoehe gesamtzaehler :
   gesamtzaehler INCR erfolgszaehler .

  gib erwartungswert aus :
    put ("Im Mittel werden") ;
    put (real (gesamtzaehler)/real (zahl der versuche)) ;
    put ("Tauben ueberleben.") .
```

Beispiel für einen Ausdruck:

Eingegebene Zahl der Versuche : 100

Ausdruck 1: Im Mittel werden 3.59 Tauben ueberleben
Ausdruck 2: Im Mittel werden 3.23 Tauben ueberleben
Ausdruck 3: IM Mittel werden 3.46 Tauben ueberleben

56. Ein Schütze schießt auf eine Scheibe.

Wenn ein Schütze in die Mitte einer Ringscheibe zielt, wird er im Idealfall diese Stelle auch treffen. Jedoch verhindern viele kleine zufällige Einflüsse dieses Ereignis, wobei Abweichungen in jede Richtung gleichwahrscheinlich sind. Wenn sich die Wirkungen additiv zusammensetzen, resultiert im Grenzfall die zweidimensionale Normalverteilung, die hier simuliert werden soll.
Die Prozedur "random" erzeugt gleichverteilte Zufallszahlen im Intervall von 0 bis 1. Deren Mittelwert beträgt 1/2, ihre Varianz 1/12. Wenn man 12 von solchen Zufallszahlen addiert, resultiert der Mittelwert 6 und die Varianz 1; wenn man zuguterletzt noch 6 abzieht, erhält man annähernd standard-normalverteilte Zufallszahlen mit dem Erwartungswert 0 und der Varianz (sowie auch der Standardabweichung) 1. Diese Zufallszahlen lassen sich deshalb einfach auf jede beliebige Normalverteilung mit vorgegebener Zentral- und Streuungstendenz transformieren.

```
gib zahl der versuche ein ;
markiere zentrum ;
INT VAR i ;
FOR i FROM 1 UPTO zahl der versuche REP
  ermittle koordinaten ;
  drucke aus
ENDREP .

gib zahl der versuche ein :
  put ("Wie oft soll geschossen werden?") ;
  INT VAR zahl der versuche ;
  get (zahl der versuche) .

markiere zentrum :
  page; cursor (40, 12); out ("+") .

ermittle koordinaten :
  REAL VAR x :: normalrandom ;
  REAL VAR y :: normalrandom .

drucke aus :
  cursor (40 + int (round (8.0 * normalrandom, 0)),
          12 + int (round (3.0 * normalrandom, 0))) ;
  out ("*") .
```

```
REAL PROC normalrandom :

  INT VAR i; REAL VAR summe :: 0.0 ;
  FOR i FROM 1 UPTO 12 REP
    summe INCR random
  END REP ;
  summe DECR 6.0 ;
  summe

END PROC normalrandom
```

```
                      *

**                  *  *
          *  **    * *
        *         *  **  * **    *
      *   **      * **            *
        *   *   +*  **     *
          *     *     *           *
              *           * *
         *         *  *
                 *   *
      * *            *
        *
```

Abb.9: Streuung beim Schießen auf eine Scheibe.

57. Der Computer erzeugt Totoscheine mit Heimvorteil.

Es ist einfach, den Computer zu einem Tabellenausdruck zu veranlassen, so daß er für eine 11-er Tipreihe die Zufallszahlen 0,1 oder 2 einsetzt. Bekanntlich liegen aber die Ergebnisse der Fußballspiele so, daß die Wahrscheinlichkeit, daß die Platzmannschaft gewinnt, wesentlich größer ist als die Wahrscheinlichkeit der beiden anderen Ergebnisse.
Ein solches Verteilungsbild kann man auf unterschiedliche Weise erreichen.

```
loesche statistik ;
INT VAR tip ;
FOR tip FROM 1 UPTO 10 REP
  schreibe tipreihe mit heimvorteil ;
  line
END REP ;
gib statistik aus .

schreibe tipreihe mit heimvorteil :
  INT VAR spiel :: 1, zufall ;
  WHILE spiel <= 11 REP
    zufall := random (0, 2) ;
    IF zufall = 1
      THEN put (zufall) ;
           spiel INCR 1 ;
           statistik [2] INCR 1 ;
    ELIF zufall = 0 AND random > 0.5
      THEN put (zufall) ;
           spiel INCR 1 ;
           statistik [1] INCR 1 ;
    ELIF zufall = 2 AND random > 0.5
      THEN put (zufall) ;
           spiel INCR 1 ;
           statistik [3] INCR 1
    FI
  ENDREP .

loesche statistik :
  ROW 3 INT VAR statistik :: ROW 3 INT : (0, 0, 0) .
```

```
gib statistik aus :
  put ("Die Platzmannschaft gewann") ;
  put (statistik [2]) ;
  put ("-mal"); line ;
  put ("Die gegnerische Mannschaft gewann") ;
  put (statistik [3]); put ("-mal"); line ;
  put ("Das Spiel verlief unentschieden") ;
  put (statistik [1]); put ("-mal") .
```

Beispiel für eine Ergebnis-Statistik:

Die Platzmannschaft gewann 56-mal
Die gegnerische Mannschaft gewann 24-mal
Das Spiel verlief unentschieden 30-mal

58. Braunsche Molekularbewegung.

Unter einem guten Mikroskop kann man indirekt die Existenz von Molekülen erfahren. Gerade noch sichtbare Teilchen (z.B. Zigarettenrauchteilchen in Luft, Fetteilchen in der Milch) führen eine Zitterbewegung aus, die durch Impulse unsichtbarer Moleküle erzeugt wird, deren Wirkung sich wegen der zu geringen Zahl statistisch nicht mehr aufhebt.
Im Programm wird eine solche Bewegung über einen Zufallsgenerator simuliert. Sie beginnt in der Mitte des Bildschirms und hört dann auf, wenn irgendwo der Rand des Bildschirms erreicht ist.

```
LET beginmark = """15""", endmark = """14""", links = """8""",
    stern = "*", down = """10""" ;

REPEAT bewegung UNTIL incharety = "h" END REPEAT .

bewegung :
  oberzeile und unterzeile zeichnen ;
  linken und rechten rand zeichnen ;
  anfangsstellung besetzen ;
  REP
    an aktueller stelle stern zeichnen ;
    naechste stelle zufaellig berechnen ;
    IF rand erreicht THEN LEAVE bewegung FI ;
  END REP .

oberzeile und unterzeile zeichnen :
  page; out (beginmark) ;
  out ("-------- B r a u n ' s c h e
        M o l e k u l a r b e w e g u n g  ") ;
  out (9 * "-"); out (endmark) ;
  cursor (1, 24); out (beginmark);
  out (76 * "-"); out (endmark) .

linken und rechten rand zeichnen :
  cursor (1, 2) ;
  out (21 * ("I" + links + down)); out ("I") ;
  cursor (78, 2) ;
  out (21 * ("I" + links + down)); out ("I") .

anfangsstellung besetzen :
  INT VAR x := 40, y := 12 .
```

```
an aktueller stelle stern zeichnen :
  cursor (x, y); out (stern + links) .

naechste stelle zufaellig berechnen :
  x INCR 2 * random (-1, 1); y INCR random (-1, 1) .

rand erreicht :
  x <= 1 OR x > 77 OR y <= 1 OR y > 23 .
```

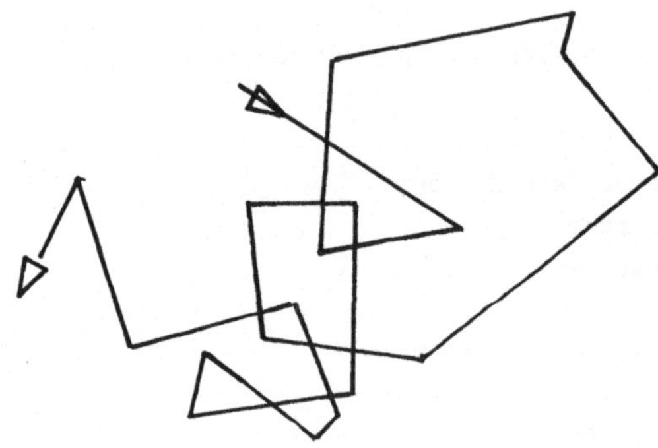

Abb.10: Braunsche Molekularbewegung.

59. Häufigkeit von Lotto – Nachbarn.

Jede Woche kann man die Auslosung von Lottozahlen beobachten. Man kann leicht verfolgen, daß in etwa der Hälfte der Fälle Nachbarzahlen vorkommen. Das Programm simuliert diese Situation. Bei der Erzeugung der Lottozahlen muß man berücksichtigen, daß es sich um ein Ziehen ohne Zurücklegen handelt, während die unmittelbare Verwendung des ganzzahligen Zufallsgenerators random (1, 49) auf ein Ziehen mit Zurücklegen hinausläuft, wie es z.B. beim Würfeln vorkommt. Im vorliegenden Programm wird der Index, der die Anzahl der gezogenen Kugeln zählt, entsprechend reguliert. Dieses Verfahren gerät in eine Endlosschleife, wenn der Zufallsgenerator in einen konstanten Ausfall entartet. Eine andere Möglichkeit besteht darin, ein Feld von 49 Boole – Variablen zur Notation der schon gezogenen Kugeln zu benützen. Dann macht es keine Schwierigkeiten, hinterher die Lottozahlen der Größe nach auszugeben.

```
PROC erzeuge lottotip (ROW 6 INT VAR tipreihe) :

  INT VAR i := 1 ;
  WHILE i < 7 REP
    INT VAR kugel :: random (1, 49) ;
    IF kugel verschieden von bisherigen
      THEN tipreihe [i] := kugel ;
           i INCR 1
    FI
  ENDREP .

kugel verschieden von bisherigen :
  INT VAR j ;
  FOR j FROM 1 UPTO i - 1 REP
    IF kugel = tipreihe [j]
      THEN LEAVE kugel verschieden von bisherigen WITH FALSE
    FI
  ENDREP ;
  TRUE

END PROC erzeuge lottotip ;
```

```
PROC drucke lottotip (ROW 6 INT VAR tipreihe) :
  INT VAR i; line ;
  FOR i FROM 1 UPTO 6 REP
    put (tipreihe [i])
  ENDREP
END PROC drucke lottotip ;

LET n = 500 ;
INT VAR zaehler ;
ROW 6 INT VAR tipreihe ;
INT VAR nachbarzaehler :: 0 ;
FOR zaehler FROM 1 UPTO n REP
  erzeuge lottotip (tipreihe) ;
  stelle nachbarn fest ;
  drucke lottotip (tipreihe)
ENDREP ;
drucke ergebnis aus .

stelle nachbarn fest :
  INT VAR i, j ;
  FOR i FROM 1 UPTO 6 REP
    FOR j FROM 1 UPTO i - 1 REP
      IF abs (tipreihe [i] - tipreihe [j]) = 1
        THEN nachbarzaehler INCR 1 ;
             LEAVE stelle nachbarn fest  FI
    ENDREP
  ENDREP .

drucke ergebnis aus :
  line (2) ;
  put ("relative Haeufigkeit von Nachbarn:") ;
  put (real (nachbarzaehler)/real (n))
```

60. Simulation eines Galton – Brettes.

Für eine der bekanntesten Verteilungen der elementaren Wahrscheinlichkeitslehre, die sogenannte Binomialverteilung, hat Galton ein einfaches mechanisches Modell angegeben. Diese Verteilung gibt die Zahl der Erfolge in einem mehrstufigen Zufallsversuch an, wenn die Erfolgswahrscheinlichkeit in jeder Stufe konstant ist. Diese Wahrscheinlichkeit beträgt bei Galtons Modell und im Programm 0.5 : denn die Kugel kann am einzelnen Nagel mit derselben Wahrscheinlichkeit nach links wie nach rechts fallen. Im Gegensatz zum Modell läßt sie sich jedoch einfach im Programm ändern.
Das Programm ist für eine graphische Ausgabe über den gesamten Bildschirm angelegt.

```
LET kugel = "o", blank = " " ;
male brett ;
erzeuge leere kugelleiste ;
REP
  kugel fallen lassen ;
UNTIL incharety = "h" ENDREP .

male brett :
  page ;
  INT VAR i ;
  FOR i FROM 1 UPTO 18 REP
    cursor (42 - 2 * i, i + 1); out (i * "+   ")
  ENDREP ;
  cursor (57, 6); out ("G A L T O N   B R E T T") ;
  cursor (57, 7); out ("----------------------") .

erzeuge leere kugelleiste :
  ROW 80 INT VAR kugelleiste ;
  FOR i FROM 1 UPTO 80 REP
    kugelleiste [i] := 0
  ENDREP .

kugel fallen lassen :
  kugel an den start ;
  kugel faellt ;
  kugel zaehlen .

kugel an den start :
  INT VAR x kugel :: 40, y kugel :: 1 ;
  male kugel .
```

```
kugel faellt :
  WHILE y kugel < 18 REP
    IF random (0, 1) = 0
      THEN faellt nach rechts
      ELSE faellt nach links
    FI
  PER ;
  kugel loeschen .

faellt nach rechts :
  kugel loeschen ;
  x kugel INCR 2 ;
  y kugel INCR 1 ;
  male kugel .

faellt nach links :
  kugel loeschen ;
  x kugel DECR 2 ;
  y kugel INCR 1 ;
  male kugel .

kugel loeschen :
  cursor (x kugel, y kugel); out (blank) .

male kugel :
  cursor (x kugel, y kugel); out (kugel) .

kugel zaehlen :
  kugelleiste [x kugel] INCR 1;
  cursor (x kugel - 2, 21) ;
  out (text (kugelleiste [x kugel], 3)) .
```

Momentaufnahme des Galtonbrettes
für zwei verschiedene p
(um 3 Zeilen verkürzt)

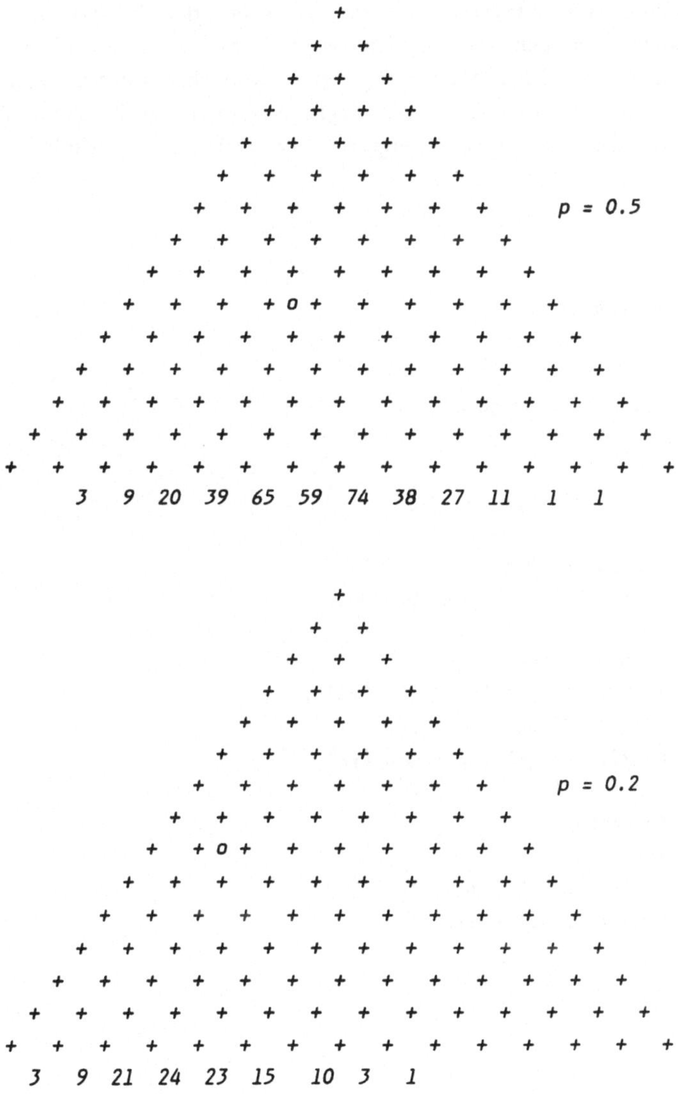

```
                            +
                          +   +
                        +   +   +
                      +   +   +   +
                    +   +   +   +   +
                  +   +   +   +   +   +
                +   +   +   +   +   +   +        p = 0.5
              +   +   +   +   +   +   +   +
            +   +   +   +   +   +   +   +   +
          +   +   +   + o +   +   +   +   +   +
        +   +   +   +   +   +   +   +   +   +   +
      +   +   +   +   +   +   +   +   +   +   +   +
    +   +   +   +   +   +   +   +   +   +   +   +   +
  +   +   +   +   +   +   +   +   +   +   +   +   +   +
+   +   +   +   +   +   +   +   +   +   +   +   +   +   +
      3   9  20  39  65  59  74  38  27  11   1   1
```

```
                            +
                          +   +
                        +   +   +
                      +   +   +   +
                    +   +   +   +   +
                  +   +   +   +   +   +
                +   +   +   +   +   +   +        p = 0.2
              +   +   +   +   +   +   +   +
            +   + o +   +   +   +   +   +   +
          +   +   +   +   +   +   +   +   +   +
        +   +   +   +   +   +   +   +   +   +   +
      +   +   +   +   +   +   +   +   +   +   +   +
    +   +   +   +   +   +   +   +   +   +   +   +   +
  +   +   +   +   +   +   +   +   +   +   +   +   +   +
+   +   +   +   +   +   +   +   +   +   +   +   +   +   +
  3   9  21  24  23  15   10  3   1
```

Abb.11: 2 Galtonbretter.

61. Orthopolis.

Die Mittelsenkrechte ist bekannt als Ortslinie für alle Punkte, die von zwei festen Punkten gleichen Abstand haben. Das gilt jedoch nur für euklidische Metrik; es ist lehrreich, sich dieselbe Bedingung vorzugeben z.B.in einem rechtwinkligen Raster, wie es den Plätzen des Bildschirms entspricht, mit der Maßgabe, daß Entfernungen nur in den Haupthimmelsrichtungen gemessen werden. Manche Städte, insbesondere in der Neuen Welt, sind nach einem solchen Raster angelegt. Taxistrecken würden dann auf eine solche Weise berechnet ("Taximetrie"). Das Ergebnis stimmt nur in Sonderfällen mit dem euklidischen Ergebnis überein; u.a. ergeben sich nicht nur Ortslinien, sondern auch ganze Flächen.

```
bestimme areal ;
lege 2 standorte fest ;
zeige standorte ;
zeige gleichabstaendige orte .

bestimme areal :
  LET hoehe = 10, breite = 10 .

lege 2 standorte fest :
  page; put ("Bitte gib die Standorte ein (x <= 10, y <= 10) : ") ;
  line ;
  put ("Erster Standort : ") ;
  INT VAR x1, y1; get (x1); get (y1) ;
  put ("Zweiter Standort : ") ;
  INT VAR x2, y2; get (x2); get (y2) .

zeige standorte :
  page ;
  cursor (2 * x1, y1); put ("+") ;
  cursor (2 * x2, y2); put ("+") .
```

```
zeige gleichabstaendige orte :
  INT VAR x, y ;
  FOR x FROM 1 UPTO hoehe REP
    FOR y FROM 1 UPTO breite REP
      IF abstaende gleich
        THEN markiere ort
      FI
    ENDREP
  ENDREP .

abstaende gleich :
  abs(x - x1) + abs(y - y1) = abs(x - x2) + abs(y - y2) .

markiere ort :
  cursor (2 * x, y) ;
  out ("*") .
```

Hier sind drei Beispiele:

```
     *
     *
     *
     *
     *
+    *    +
     *
     *
     *
     *
```

```
* * *
* * *
* * *       +
      *
        *
          *
    +       * * *
            * * *
            * * *
            * * *
```

```
      +

              * * * *
            *
          *
        *
* * * *

              +
```

Abb.12: Ortslinien bzw. – flächen gleichen Abstands von zwei Punkten.

62. Das Geburtstagsproblem.

23 Personen befinden sich in einem Raum. Ist es fair, eine Wette anzunehmen, daß sich mindestens 2 Personen darunter befinden, die am selben Tag Geburtstag haben? Wir gehen dabei von einer Gleichverteilung der Geburtstage über die 365 Tage eines Jahres aus. Das Programm folgt dem allgemeinem Schema für stochastische Simulationen. Die Zählschleife wird verlassen, wenn 2 gleiche Geburtstage festgestellt worden sind. In der Tat liegt die Ergebniswahrscheinlichkeit etwas über 0.5.

```
LET gruppengroesse = 23, simulationen = 100 ;
INT VAR m, erfolg := 0 ;
FOR m FROM 1 UPTO simulationen REP
  verteile geburtstage ;
  IF mindestens zwei gleiche
    THEN erfolg INCR 1
  FI
ENDREP ;
gib ergebnis aus .

verteile geburtstage :
  INT VAR j ;
  ROW gruppengroesse INT VAR geburtstag ;
  FOR j FROM 1 UPTO gruppengroesse REP
    geburtstag [j] := random (1, 365)
  ENDREP .

mindestens zwei gleiche :
  INT VAR k, l ;
  FOR k FROM 1 UPTO gruppengroesse REP
    FOR l FROM 1 UPTO k - 1 REP
      IF geburtstag [k] = geburtstag [l]
        THEN LEAVE mindestens zwei gleiche WITH TRUE
      FI
    ENDREP
  ENDREP ;
  FALSE .

gib ergebnis aus :
  put ("Ergebniswahrscheinlichkeit : ") ;
  put (real (erfolg)/real (simulationen)) .
```

63. Das Sammlerproblem.

Sammler lieben vollständige Sätze ihrer Sammlerobjekte. Zum Beispiel packt eine Getränkefirma ihren Produkten 10 verschiedene Sammelbilder der Olympiade bei; wir nehmen zunächst an, daß die Bilder gleichverteilt sind. Wieviel Flaschen muß man im Mittel kaufen, um einen vollständigen Bildersatz zu erhalten?

```
LET bilder = 10, simulationen = 100 ;
INT VAR i, gesamtzahl := 0 ;
FOR i FROM 1 UPTO simulationen REP
  beginne zu sammeln ;
  kaufe bis zum vollstaendigen satz ;
  gesamtzahl INCR gekaufte flaschen
ENDREP ;
ergebnisausgabe .

beginne zu sammeln :
  INT VAR gekaufte flaschen := 0,
          vorhandene bilder := 0 ;
  ROW bilder BOOL VAR schon vorhanden ;
  INT VAR j ;
  FOR j FROM 1 UPTO bilder REP
    schon vorhanden [j] := FALSE
  ENDREP .

kaufe bis zum vollstaendigen satz :
  WHILE vorhandene bilder < bilder REP
    kaufe neue flaschen
  ENDREP ;
  putline ("Beim " + text (i, 3) + ". Durchlauf waren "+
           text (gekaufte flaschen) + " Flaschen notwendig ." ) ;
  pause .

kaufe neue flaschen :
 gekaufte flaschen INCR 1 ;
 INT VAR typ := random (1, bilder) ;
 IF NOT schon vorhanden [typ]
   THEN vorhandene bilder INCR 1 ;
        schon vorhanden [typ] := TRUE
 FI .
```

```
ergebnisausgabe :
  put ("Das Mittel der benoetigten Flaschen ist : ") ;
  put (real (gesamtzahl)/real (simulationen)) .
```

Erweiterungsmoeglichkeiten :

(1) Man simuliert zwei tauschende Sammler. Dafür wird man das boolesche ROW durch ein INT - ROW ersetzen und die vorhandenen Bilder jeder Sorte zählen. Allerdings muß man dann auch zweimal über die 'vorhandenen bilder' Buch führen.

(2) Die Getränkefirma kann den Erwartungswert auch durch eine nichtgleichverteilte Beigabe der Bilder hochtreiben. Im Programm kann das z.B. dadurch geschehen, daß eine bestimmte Bildnummer nur jedes dritte Mal im Notizblock notiert wird. Eine andere Möglichkeit besteht darin, den reellen Zufallsgenerator "random" im Intervall (0, 1) geeignet abzubilden, so daß eine unsymmetrische Verteilung entsteht; dann muß man Laufzeitnachteile in Kauf nehmen:

    int (10.0 * sqrt (random)) + 1

leistet z.B. die verlangte Abbildung.

64. Das Fußballspiel :

Von der Mitte eines Fußballfeldes gelangt der Ball mit der Wahrscheinlichkeit 0.6 in die rechte Spielhälfte und mit der Wahrscheinlichkeit 0.4 in die linke. Mit der Wahrscheinlichkeit 0.9 gerät er wieder von der rechten Spielhälfte in die Mitte, bzw. mit der Wahrscheinlichkeit 0.8 von der linken Spielhälfte in die Mitte. Schließlich gelangt er mit der Wahrscheinlichkeit 0.1 in das rechte Tor, mit der Wahrscheinlichkeit 0.2 in das linke Tor. Immer, wenn der Ball im Tor war, erfolgt ein neuer Anstoß von der Mitte her.
Die Theorie der Markow-Ketten, welche solche Situationen behandelt, soll hier nicht angegangen werden. Vielmehr simulieren wir das Spiel.

```
LET linkes tor  = 15 ,
    links       = 25,
    mitte       = 35,
    rechts      = 45,
    rechtes tor = 55 ,
    piep        = """7""" ;

beginne das spiel ;
REP
  spiele weiter
UNTIL incharety (2) <> "" ENDREP .

beginne das spiel :
  zeichne spielfeld ;
  INT VAR tore der linken  := 0 ,
          tore  der rechten := 0 ,
          x ball           := mitte ,
          y ball           := 11 ;
  ball (mitte) .

zeichne spielfeld :
  page ;
  cursor (14, 11); put ("[") ;
  cursor (56, 11); put ("]") ;
  cursor (30,  7); put ("0    :    0") .
```

```
spiele weiter :
  SELECT x ball OF
    CASE mitte :  IF random < 0.6
                    THEN ball (rechts)
                    ELSE ball (links)
                  FI
    CASE rechts : IF random < 0.9
                    THEN ball (mitte)
                    ELSE tor  (rechtes tor, tore der linken) ;
                         ball (mitte)
                  FI
    CASE links : IF random < 0.8
                   THEN ball (mitte)
                   ELSE tor  (linkes tor, tore der rechten) ;
                        ball (mitte)
                 FI
  ENDSELECT .

PROC ball (INT CONST neuer ort) :

  loesche ball ;
  x ball := neuer ort ;
  IF  x ball = rechtes tor OR x ball = linkes tor
    THEN y ball := 11
    ELSE y ball := random (9, 13)
  FI ;
  zeige ball .

  loesche ball : cursor (x ball, y ball); out (" ") .
  zeige ball   : cursor (x ball, y ball); out ("0") .

ENDPROC ball ;

PROC tor (INT CONST torfeld, INT VAR anzahl der tore) :

  ball (torfeld) ;
  anzahl der tore INCR 1 ;
  IF torfeld = rechtes tor
    THEN cursor (30, 7)
    ELSE cursor (40, 7)
  FI ;
  put (anzahl der tore) ;
  out (piep)

ENDPROC tor ;
```

65. Irrfahrt eines Käfers auf einem Würfel.

In einer Ecke eines Würfels sitzt ein Käfer, in der diametral entgegengesetzten Ecke lockt Honig. An jeder Ecke hat der Käfer drei Entscheidungen, über eine Kante zu laufen – auch jeweils über die, von der er gerade gekommen ist. Auf diese Weise kann es theoretisch beliebig lange dauern, bis er sein Ziel erreicht, wenn er diese Entscheidungen zufällig vollzieht. Jedoch ergibt sich ein endlicher Erwartungswert, den wir über eine Simulation bestimmen.
Als Datenstruktur für den Würfel benützen wir die Menge seiner Ecken. Die 8 Ecken eines Einheitswuerfels werden über ihre Koordinaten charakterisiert.
Die von einer aktuellen Ecke aus erreichbaren Ecken ergeben sich auf einfache Weise über eine Dualzahl – Interpretation.

```
ROW 8 ROW 3 INT VAR wuerfel ;

hole simulationszahl ;
INT VAR i, gesamtkantenzahl :: 0 ;
FOR i FROM 1 UPTO simulationszahl REP
  lege koordinaten der wuerfelecken fest;
  setze kaefer auf startecke;
  REP
    lasse kaefer wandern und zaehle
  UNTIL zielecke erreicht ENDREP;
  zeige zwischenergebnis
ENDREP;
gib ergebnis aus.

lege koordinaten der wuerfelecken fest :
  wuerfel [1][1]:= 0; wuerfel [1][2]:= 0; wuerfel [1][3]:= 1 ;
  wuerfel [2][1]:= 0; wuerfel [2][2]:= 1; wuerfel [2][3]:= 0 ;
  wuerfel [3][1]:= 0; wuerfel [3][2]:= 1; wuerfel [3][3]:= 1 ;
  wuerfel [4][1]:= 1; wuerfel [4][2]:= 0; wuerfel [4][3]:= 0 ;
  wuerfel [5][1]:= 1; wuerfel [5][2]:= 0; wuerfel [5][3]:= 1 ;
  wuerfel [6][1]:= 1; wuerfel [6][2]:= 0; wuerfel [6][3]:= 0 ;
  wuerfel [7][1]:= 1; wuerfel [7][2]:= 1; wuerfel [7][3]:= 1 ;
  wuerfel [8][1]:= 0; wuerfel [8][2]:= 0; wuerfel [8][3]:= 0 .

setze kaefer auf startecke :
  INT VAR aktueller standort := 8,
          kantenzahl :: 0 .
```

```
lasse kaefer wandern und zaehle :
  line; put (aktueller standort); put ("-->") ;
  verwandle aktuellen standort in dualzahlreihe ;
  lose stelle aus ;
  IF dualzahlreihe [stelle] = 0
    THEN dualzahlreihe [stelle] INCR 1
    ELSE dualzahlreihe [stelle] DECR 1
  FI ;
  verwandle dualzahlreihe in neuen aktuellen standort ;
  kantenzahl INCR 1; put (aktueller standort) ;
  put ("  ") .

verwandle aktuellen standort in dualzahlreihe :
   ROW 3 INT VAR dualzahlreihe ;
   INT VAR k ;
   FOR k FROM 3 DOWNTO 1 REP
     dualzahlreihe [k]  := aktueller standort MOD 2 ;
     aktueller standort := aktueller standort DIV 2 ;
   ENDREP .

lose stelle aus : INT VAR stelle := random (1, 3) .

verwandle dualzahlreihe in neuen aktuellen standort :
  aktueller standort := 4 * dualzahlreihe [1] + 2 * dualzahlreihe [2]
                        + dualzahlreihe [3] ;
  IF aktueller standort = 0 THEN aktueller standort := 8 FI .

zielecke erreicht :
  aktueller standort = 7 .

hole simulationszahl :
  put ("Wieviel Simulationen?") ;
  INT VAR simulationszahl; get (simulationszahl) .

gib ergebnis aus :
  put ("Erwartungswert:") ;
  put (real (gesamtkantenzahl)/real (simulationszahl)) .

zeige zwischenergebnis :
  put (kantenzahl); gesamtkantenzahl INCR kantenzahl ;
  line (2) .
```

66. Das Buffonsche Nadelproblem.

Wie kann man mit einem Telephonbuch und einer Stecknadel die Kreiszahl pi bestimmen? Die Spalten des Telephonbuches und ihre linke Begrenzung geben ein Raster von parallelen Geraden her. Wir nehmen an, sie haben den Abstand a. Auf dieses Raster wird eine Nadel der Länge l (l < = a) geworfen. Die Wahrscheinlichkeit, daß die Nadel eine der Rastergeraden trifft, läßt sich leicht berechnen.
Diese Wahrscheinlichkeit beträgt p = 2 * l/(pi * a). Für a = 2 und l = 1 folgt p = 1/pi. Das bedeutet

pi = anzahl der wuerfe/erfolg

```
LET l           = 1,
    a           = 2.0,
    hoechstzahl = 500 ;
INT VAR erfolg :: 0, i ;
FOR i FROM 1 UPTO hoechstzahl REP
  lasse nadel fallen ;
  pruefe treffer
ENDREP ;
gib ergebnis aus .

gib ergebnis aus :
  put ("Ergebnis: pi ="); put (real (hoechstzahl)/real (erfolg)) .

lasse nadel fallen :
  REAL VAR x   := a  * random/2.0,
           phi := pi * random .

pruefe treffer :
  IF x <= real (l)/2.0 * sin (phi)
    THEN erfolg INCR 1
  FI .
```

67. Wir bauen einen Geigerzähler.

Wir benützen aus der Wahrscheinlichkeitsrechnung den Satz:
Ist X gleichverteilt in (0, 1), dann ist Y = 1.0/lambda * ln (X) exponentiell verteilt mit dem Erwartungswert lambda.
(Vgl. z.B. A.Engel, Wahrscheinlichkeitsrechnung und Statistik, Band 2, Stuttgart 1976).
Solchen Verteilungen folgen die Zwischenankunftszeiten (d.h.die Zeitdauern zwischen der Ankunft des ersten Objektes und der Ankunft des zweiten Objektes) von Autos auf einer Autobahn, die sich von einer Autobahnbrücke gut messen lassen, oder die Zwischenzeiten zwischen 2 Meldungen eines Geigerzählers, der nur den "Nulleffekt" der kosmischen Höhenstrahlung beobachtet.
Im anschließenden kleinen Programm machen wir diesen Effekt optisch sichtbar. Ebensogut kann man auch ein akustisches Signal einsetzen.

Beispiel:

Erwartungswert 2.0:

```
* *    *     *     * *       * * *     *   *     * *           * * * *
   *    *     * *     * * *         *       * * *     * *           *
        *   * * * *   * *       *    *     *  * *     * *  *      usw.
```

```
put("Erwartungswert?") ;
REAL VAR lambda; get (lambda) ;

INT VAR i, wartezeit ;
FOR i FROM 1 UPTO 100 REP
  put ("*") ;
  wartezeit := int (10.0 * poisson (lambda)) ;
  out (wartezeit * " ")
ENDREP ;

REAL PROC poisson (REAL CONST lambda) :
  -1.0/lambda * ln (random)
END PROC poisson
```

68. Wartezimmer eines Arztes.

Wir benützen die exponential verteilten Zufallszahlen zur Simulation des Wartezimmers, und zwar sowohl für die Zwischenankunftszeiten der Patienten in der Praxis wie für die Behandlungsdauern. In der Schlußauswertung werden ausgegeben sowohl die Freizeiten des Arztes wie die mittlere Besetzung des Wartezimmers und die mittlere Wartedauer. Man kann die Situation simulieren für gleiche Zwischenankunftszeiten und Behandlungsdauern wie auch für etwas höhere Zwischenankunftszeiten. Für die Uhr ist hier nur ein ganz einfaches Modell gewählt worden.

```
setze kenngroessen fest ;
oeffne praxis ;
REP
  zeigerzustand ;
  IF uhr = ankunftszeit des naechsten
    THEN bringe patient in wartezimmer
  FI ;
  IF uhr = ende der behandlungszeit
    THEN naechster patient zum arzt
  FI ;
  zeit vergeht
UNTIL tag zuende ENDREP ;
auswertung .

setze kenngroessen fest :
  REAL VAR lambdal, lambda2 ;
  put ("Mittlere Behandlungszeit ?");      get (lambdal) ;
  put ("Mittlere Zwischenankunftszeit ?"); get (lambda2) ;
  LET maxpatienten = 100 .

tag zuende : uhr >= 500 .

oeffne praxis :
  page ;
  INT VAR uhr :: 0, patient :: 0, naechster :: 1,
          ankunftszeit des naechsten :: uhr,
          wartezeit :: 0, anzahl der patienten :: 0,
          gesamt pause :: 0, patienten im wartezimmer :: 0,
          ende der behandlungszeit :: uhr,    (* da arzt nicht besetzt*)
          alte uhr, laenge der schlange :: 0 ;
  ROW maxpatienten INT VAR ankunft im wartezimmer .
```

```
bringe patient in wartezimmer :
  patienten im wartezimmer INCR 1 ;
  IF patienten im wartezimmer = maxpatienten
    THEN errorstop ("wartezimmer voll")
    ELSE patient := (patient MOD maxpatienten) + 1 ;
         ankunft im wartezimmer [patient] := uhr ;
         anzahl der patienten INCR 1 ;
         ankunftszeit des naechsten := uhr + poisson (lambda2)
  FI .

naechster patient zum arzt :
  IF patienten im wartezimmer = 0
    THEN gesamt pause INCR (ankunftszeit des naechsten - uhr) ;
         ende der behandlungszeit := ankunftszeit des naechsten
                   (* arzt frei wenn naechster kommt *)
    ELSE patienten im wartezimmer DECR 1 ;
         wartezeit INCR uhr - ankunft im wartezimmer (naechster) ;
         naechster := (naechster MOD maxpatienten) + 1 ;
         ende der behandlungszeit := uhr + poisson (lambda1)
  FI .

zeit vergeht : alte uhr := uhr ;
  uhr := min (ende der behandlungszeit, ankunftszeit des naechsten) ;
  laenge der schlange INCR patienten im wartezimmer * (uhr - alte uhr) .

zeigerzustand :
  put ("""13""5"""); put ("        UHR:"); put (uhr); put ("  ") ;
  put ("Wartezimmer :"); put (patienten im wartezimmer) .

auswertung :
  line; put ("Gesamtpause :"); put (gesamtpause); line ;
  put ("mittlere Wartezeit :") ;
  put (wartezeit DIV anzahl der patienten); line ;
  put ("mittlere Laenge der Schlange :") ;
  put (laenge der schlange DIV uhr);        line .


INT PROC poisson (REAL CONST lambda) :
  int (-lambda * ln (random))
END PROC poisson;
```

Wenn man einen ausführlicheren Überblick über die Situation während des ganzen Praxistages haben will, kann man die anfangsausgabe und endausgabe durch folgende Refinements ersetzen:

```
anfangsausgabe :
  put ("Minutenuhr:"); line (2) ;
  put ("Wartezimmer:"); line ;
  put ("Arztzimmer:"); line (2) ;
  put ("Anzahl der Patienten:"); line ;
  put ("Anzahl der behandelten Patienten:"); line (2) ;
  put ("Gesamtpause des Arztes:"); line (2) ;
  put ("Mittlere Laenge der Warteschlange:"); line ;
  put ("Mittlere Wartezeit der Patienten:") .

aktuelle ausgabe :
  cursor (36, 6); put (minutenuhr) ;
  cursor (36, 8); put (wartezimmer) ;
  cursor (36, 9) ;
  IF arzt besetzt THEN put ("1") ELSE put ("0") FI ;
  cursor (36, 11); put (anzahl der patienten) ;
  cursor (36, 12); put (anzahl der behandelten patienten) ;
  cursor (36, 14); put (gesamtpause) .

endausgabe :
  cursor (36, 16);
  put (real (warteschlangenlaenge)/real (sprechstundenzeit));
  cursor (36, 17);
  put (real (wartezeit)/real (anzahl der patienten)); line(2) .
```

69. Der springende Ball.

Ein Ball wird schräg geworfen und fällt auf ebenes Gelände, das ihn unelastisch reflektiert. Der Computer soll die Bahnkurve zeichnen. Später wird das ebene Gelände ersetzt durch eine Treppe, über die der Ball hinunterspringt, dann durch eine schiefe Ebene und schließlich durch ein Paraboloid. Immer dann, wenn der Ball auf ein Hindernis auftritt, werden Ort und Geschwindigkeit des Balles fixiert. Der Geschwindigkeitsvektor des reflektierten Balles ergibt sich im ebenen Gelände und bei der Treppe durch Inversion der y-Komponente, in den weiteren Fällen durch eine neue Komponentenzerlegung nach Tangential- und Normalkomponente und Inversion der Normalkomponente. Wir führen 2 Zeitvariablen, eine über die ganze Dauer der Simulation, die andere über einen Parabelvorgang ohne Reflektion.

```
definiere die ausgangssituation ;
REP
   zeit vergeht ;
   berechne naechsten ort ;
   IF aufprall
     THEN berechne neue komponenten
   FI ;
   drucke aus
UNTIL gesamtdauer ueberschritten END REP .

definiere die ausgangssituation :
  REAL VAR delta t  := 0.05,
           t        := 0.0,
           tl       := 0.0 ;
  hole abwurfort ;
  hole abwurfgeschwindigkeit ;
  hole abwurfwinkel ;
  hole elastischen faktor ;
  hole gesamtdauer .

zeit vergeht :
  t INCR delta t; tl INCR delta t .

hole abwurfort :
 page; REAL VAR xo, yo ;
  put ("Abwurfort x/y?") ;
  get (xo); get (yo) ;
  REAL VAR x := xo, y := yo .
```

```
hole abwurfgeschwindigkeit :
  line ;
  REAL VAR vo ;
  put ("Abwurfgeschwindigkeit?") ;
  get (vo) .

hole abwurfwinkel :
  line ;
  REAL VAR alpha ;
  put ("Abwurfwinkel?") ;
  get (alpha) ;
  REAL VAR vxo := vo * cosd (alpha), vyo := vo * sind (alpha),
           vx  := vxo,               vy  := vyo .

hole elastischen faktor :
  line ;
  REAL VAR faktor ;
  put ("Elastischer Faktor?") ;
  get (faktor) .

hole gesamtdauer :
  line ;
  REAL VAR dauer ;
  put ("Gesamtdauer?") ;
  get (dauer); page .

berechne naechsten ort :
  x  INCR vx   * delta t ;
  y  INCR vy   * delta t - 10.0 * tl * delta t ;
  vy DECR 10.0 * tl .

aufprall :
  y < 0.1 .

berechne neue komponenten :
  vy := - faktor * vy ;
  tl := 0.0 .

gesamtdauer ueberschritten :
  t > dauer .

drucke aus :
  put (x); put (y); put (vx); put (vy); line ;
  pause .
```

Für den Fall einer Treppe ist der Aufprall etwa so zu schreiben:

```
aufprall :
  IF   x < 2.0 AND x >= 0.0 THEN y < 5.1
  ELIF x > 2.0 AND x <= 4.0 THEN y < 3.1
                            ELSE y < 1.1
  FI.          (* fallende Treppe mit drei Stufen *)
```

Für den Fall auf eine schiefe Ebene, in ein Paraboloid (s.u.) oder für den Fall in einem 'Gelände' aus stückweise rationalen Funktionen (z.B. kubischen Splines) muß man aus einer x-y-Komponentenzerlegung von v die Normal- und Tangentialkomponenten nach dem Aufprall geeignet behandeln und wiederum die neuen x-y-Komponenten gewinnen. Das geschieht hinsichtlich richtiger Vorzeichenbehandlung am besten vektoriell.
Man kann verwandte Ballaufgaben auch für andere Fälle konstruieren. Wir empfehlen die Berechnung des Gesamtweges eines Balles im freien Fall (zum Beispiel vom Turm von Pisa), wenn er am Erdboden unelastisch reflektiert wird, oder auch die Realisierung eines Ballspiels, bei dem Wurfgeschwindigkeit und Abwurfwinkel, um zu einem Ziel in vorgegebener Entfernung zu gelangen, vom Spieler geschätzt werden; wenn sich das Ziel nicht am Erdboden, sondern in einiger Höhe befindet, kann "Korbball" daraus werden.

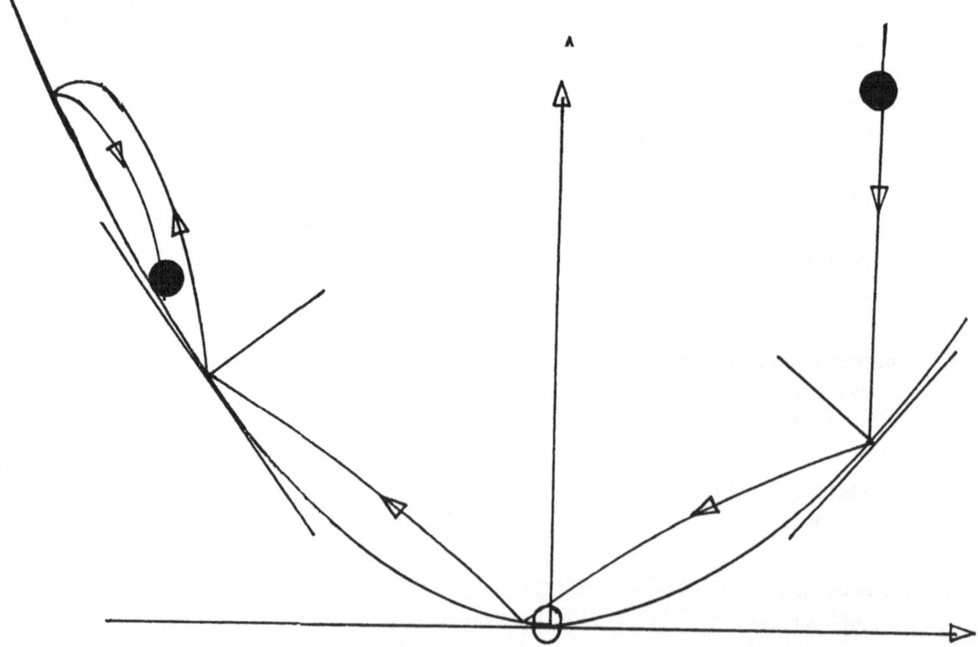

Abb.13: Ein Ball fällt in ein Paraboloid.

VII. EINIGE MATHEMATISCHE PROBLEME.

70. Ausmessen einer Kreisfläche durch einen Zufallsregen.

Ein guter Zufallsgenerator liefert gleichverteilte Zufallszahlen zwischen 0 und 1. Wählt man aufeinanderfolgende Zufallszahlen als Koordinaten von Punkten im Einheitsquadrat, so kann man feststellen, wieviele Punkte innerhalb eines Viertelkreises liegen:

x**2 + y**2 < 1.0

Diese Pythagorasbedingung entscheidet darüber, wo der Punkt liegt. Wir deuten die erzeugten Punkte als Tropfen eines gleichverteilten Zufallsregens, der auf das Einheitsquadrat fällt. In ähnlicher Weise lassen sich auch andere Integrationen auf stochastische Weise durchführen, z.B. die eines Parabelsegmentes durch die Bedingung y < x**2, oder
die eines Kugeloktanden durch x**2 + y**2 + z**2 < 1, nach welchem Prinzip man auch das Volumen einer vierdimensionalen Hyperkugel berechnen könnte.

```
LET hoechstzahl = 1000 ;
INT VAR tropfenzahl      :: 0,
        innentropfenzahl :: 0 ;
page ;
REP
  erzeuge zufallstropfen ;
  zaehle zufallstropfen ;
  IF tropfen innen
    THEN zaehle innentropfen ;
         drucke ihn aus ;
         markiere jeden hundertsten
  FI
UNTIL tropfenzahl > hoechstzahl ENDREP ;
gib das ergebnis aus .

erzeuge zufallstropfen :
  REAL VAR x :: random, y :: random .
```

```
zaehle zufallstropfen :
  tropfenzahl INCR 1 .

zaehle innentropfen :
  innentropfenzahl INCR 1 .

tropfen innen :
  x**2 + y**2 < 1.0 .

drucke ihn aus :
  cursor (int (round (40.0 * x + 1.0,0)),
          int( round (18.0 * y + 1.0,0))) ;
  out ("*") .

markiere jeden hundertsten :
  cursor (60, 20) ;
  IF tropfenzahl MOD 100 = 0 THEN put (tropfenzahl) FI .

gib das ergebnis aus :
  put (" Pi =") ;
  put (4.0 * real (innentropfenzahl)/real (hoechstzahl)) .
```

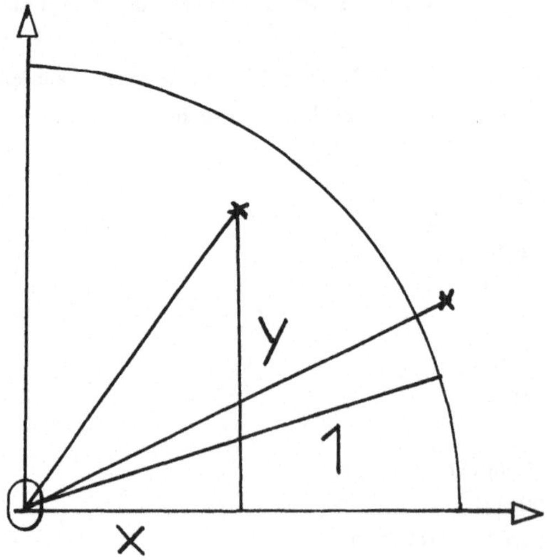

71. 5 Matrosen, 1 Affe und sehr viele Kokosnüsse.

5 Matrosen stranden mit ihrem Schiff vor einer Insel, sie retten nur das nackte Leben und einen Affen. Glücklicherweise bietet die Insel reichlich Kokosnüsse, und sie machen sich gleich daran, sie aufzusammeln. Bis zum Abend ist ein stattlicher Haufen von Nüssen entstanden, der am anderen Morgen geteilt werden soll. In der Nacht steht ein Matrose auf und denkt, es kann nichts schaden, wenn er sich seinen Teil (ein Fünftel) schon beiseite schafft; vorher hat er dem Affen bereits eine Nuß gegeben; die Division geht ohne Rest auf. In der gleichen Weise verfahren allerdings auch noch seine 4 Kameraden und immer geht die Division auf. Am frühen Morgen wundern sich zwar alle, wie klein der Haufen aussieht, teilen aber erneut zu gleichen Teilen, diesmal ohne Berücksichtigung des Affen, und wiederum geht die Division auf. Wieviel Nüsse muß der Haufen am Abend mindestens enthalten haben?
Wenn man diese Aufgabe durch Rechnung lösen will, ergibt sich eine schwierige diophantische Gleichung. Wir probieren stattdessen :

```
INT VAR nuesse := 6 ;
WHILE nuesse < 30000 REP
  IF verteilbar
    THEN line; put ("Es waren") ;
         put (nuesse) ;
         put ("Nuesse")
  FI ;
  nuesse INCR 5
UNTIL sind verteilbar PER .

verteilbar :
  INT VAR nuesse uebrig := nuesse, matrose ;
  FOR matrose FROM 1 UPTO 5 REP
    gib dem affen ;
    nimm ein fuenftel
  PER ;
  teilung geht glatt .

gib dem affen :
  nuesse uebrig DECR 1 .

nimm ein fuenftel :
  IF teilung geht glatt
    THEN nuesse uebrig DECR (nuesse uebrig DIV 5)
    ELSE LEAVE verteilbar WITH FALSE
  FI .
```

```
teilung geht glatt :
  nuesse uebrig MOD 5 = 0 .
```

In wenigen Sekunden hat sich die richtige Mindestanzahl von 3121 Kokosnüssen ergeben. Die Lösung der diophantischen Gleichung 1024 n = 15625 * x + 8404 (n: gesuchte Anfangsmenge der Kokosnüsse, x: Rest der Nüsse am Morgen) würde sehr viel mehr Zeit in Anspruch nehmen. Eine weitere Lösung ergibt sich für 18746 Kokosnüsse.

72. Eine Treppe mit n Stufen.

Eine Treppe mit n Stufen läßt sich auf recht verschiedene Weise begehen. Entweder kann man sie Stufe für Stufe mit Einzelschritten, ganz oder teilweise mit großen Schritten, zwei Stufen auf einmal nehmend besteigen. Wieviele verschiedene Möglichkeiten gibt es?
Trivial ist das Problem für eine Treppe mit 1 oder 2 Stufen: im letzteren Fall gibt es z.B. genau zwei Möglichkeiten. Jedoch reicht dieser Gedanke, um eine Rekursion aufzubauen. Der Kenner wird sehen, daß sie der Zahlenfolge von Fibonacci entspricht, der sie auf eine sich vermehrende Kaninchenfamilie angewendet hat. Für nur 20 Stufen ergeben sich bereits 10 946 Möglichkeiten.

Abb.14: Treppe mit n Stufen.

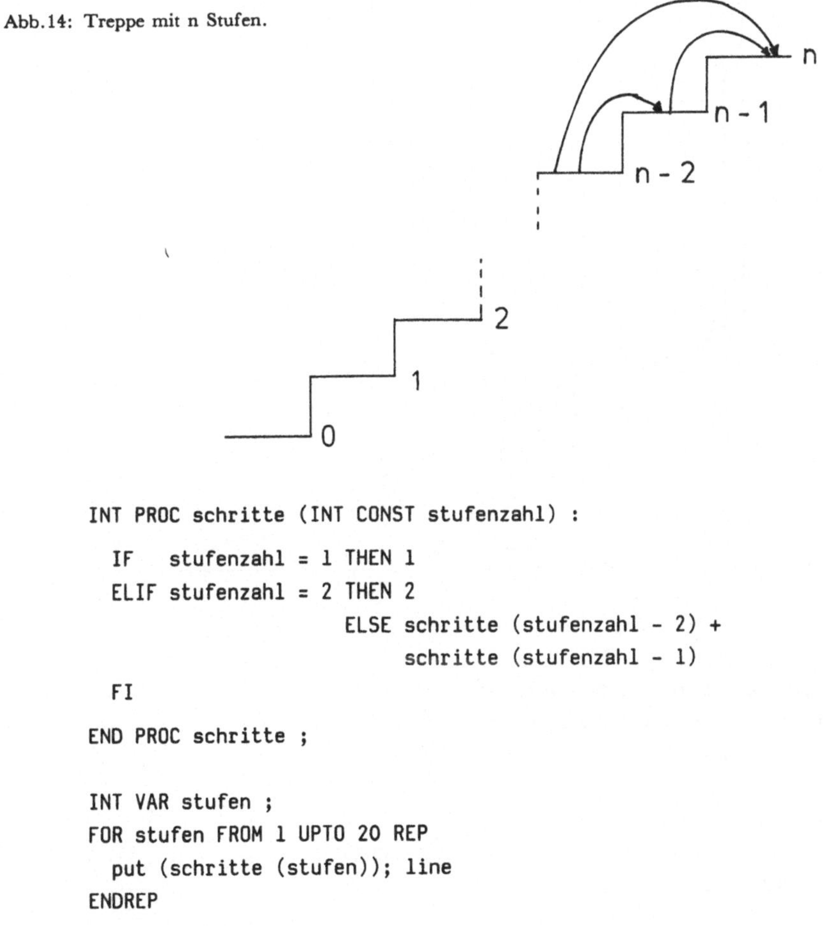


```
INT PROC schritte (INT CONST stufenzahl) :
  IF   stufenzahl = 1 THEN 1
  ELIF stufenzahl = 2 THEN 2
                    ELSE schritte (stufenzahl - 2) +
                         schritte (stufenzahl - 1)
  FI
END PROC schritte ;

INT VAR stufen ;
FOR stufen FROM 1 UPTO 20 REP
  put (schritte (stufen)); line
ENDREP
```

73. Eine alte chinesische Aufgabe.

Auf der Kuppe eines Hanges steht ein hoher Baum. Sein Wipfel soll im Punkt A aufschlagen, wenn der Sturm ihn knickt. In welcher Höhe muß er knicken?
Unabhängig vom vorgegebenen Aufschlagpunkt beträgt die Maximalhöhe offenbar die Hälfte seiner Gesamthöhe, denn dann schlägt der Wipfel an der Wurzel auf. Die Minimalhöhe beträgt Null. Somit ergibt sich ein begrenztes Suchintervall. (Die Aufgabe besitzt auch eine einfache geometrische Lösung).
Für die Berechnung der Suchkriterien wird der Sinussatz der ebenen Trigonometrie angewandt. Da die arc sin - Funktion nicht zu den Standardfunktionen von ELAN gehört, wird sie aus der arc tan - Funktion berechnet.

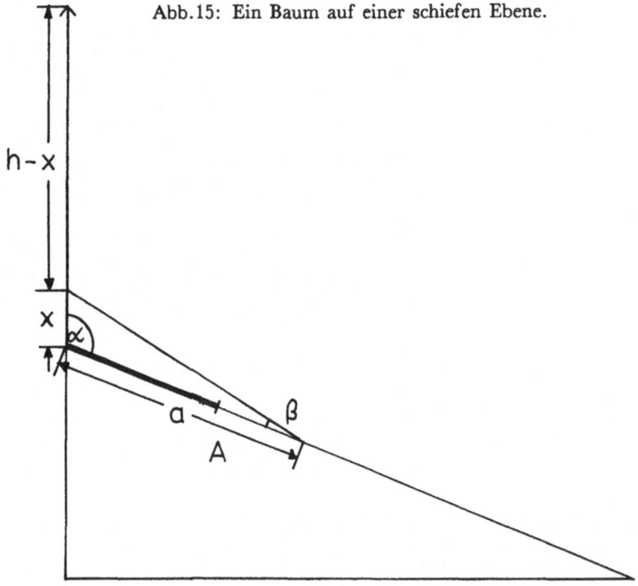

Abb.15: Ein Baum auf einer schiefen Ebene.

```
definition der geometrischen vorgaben ;
eingabe des abbruchkriteriums und der schrittweite ;
REAL VAR x :: h/2.0 ;
REP
  verenge suchintervall
UNTIL abs(a - vorgabestrecke) < 2.0 * eps ENDREP ;
drucke ergebnis aus .
```

```
verenge suchintervall :
  WHILE a < vorgabestrecke  REP
    x DECR schritt
  ENDREP ;
  schritt := schritt/2.0 ;
  WHILE a >= vorgabestrecke REP
    x INCR schritt
  ENDREP ;
  schritt := schritt/2.0 .

beta : arc sind (x * sind (alpha)/(h - x)) .

a : (h - x)/sind (alpha) * sind (alpha + beta) .

definition der geometrischen vorgaben :
  eingabe der baumhoehe ;
  eingabe des auftreffpunktes ;
  eingabe der hangneigung .

eingabe der baumhoehe :
  line; put ("Hoehe des Baumes?") ;
  REAL VAR h; get (h) .

eingabe des auftreffpunktes :
  line; put ("Abstand von Wurzel bis Auftreffstelle des Wipfels?") ;
  REAL VAR vorgabestrecke ;
  get (vorgabestrecke) .

eingabe der hangneigung :
  line; put ("Geben Sie den stumpfen Winkel der " +
            "Hangneigung in Grad ein!") ;
  REAL VAR alpha; get (alpha) .

eingabe des abbruchkriteriums und der schrittweite :
  line (2); put ("Abbruchkriterium?") ;
  REAL VAR eps; get (eps) ;
  put ("Schrittweite?") ;
  REAL VAR schritt; get (schritt) .

drucke ergebnis aus :
  line; put ("Der Baum muß") ;
  put (x) ;
  put ("cm oberhalb der Wurzel geknickt werden.") .
```

```
REAL PROC arc sind (REAL CONST x) :
   arc tand (x/sqrt (1.0 - x**2))
END PROC arc sind ;
```

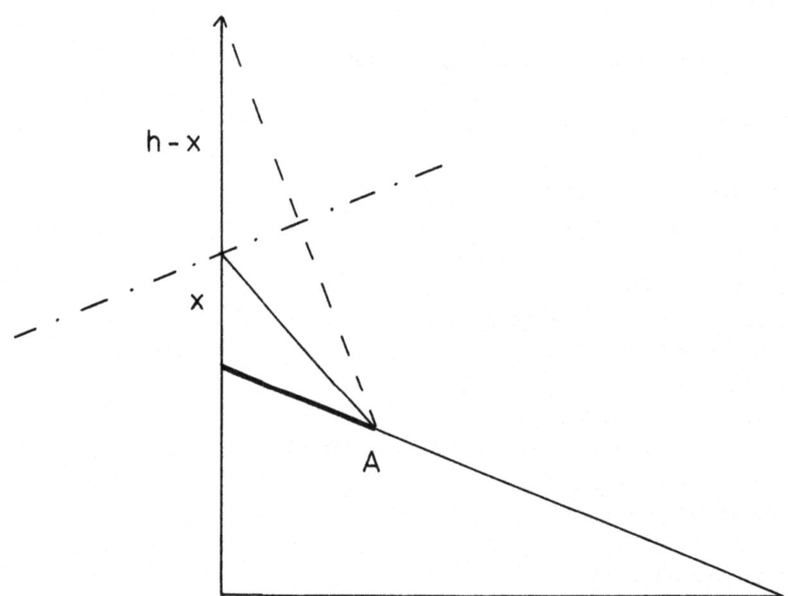

Abb.16: Geometrische Lösung der Aufgabe.

74. Wertetabelle für eine Funktion.

Anstelle der veralteten Logarithmen - und Funktionentafel erzeugt der Computer Wertetabellen für beliebige Funktionen. Wir zeigen an diesem einfachen Beispiel die Verwendung von Prozedurparametern. Die Wertetabelle wird sowohl auf den Bildschirm als auch in eine Datei geschrieben.

```
PROC wertetabelle (REAL PROC(REAL CONST)funktion,
                   REAL CONST links, rechts, schritt) :

  REAL VAR x := links; beginne tabelle ;
  REP
    schreibe wertepaare ;
    x INCR schritt
  UNTIL rechte grenze erreicht ENDREP .

  beginne tabelle :
    FILE VAR f :: sequentialfile (output,"Wertepaare") ;
    put (text ("      x", 10)); put ("I") ;
    put ("     y"); line ;
    put (25 * "-"); line ;
    put (f,text ("      x", 10)); put (f, "I") ;
    put (f, " y"); line (f) ;
    put (f, 25 * "-"); line (f) .

  schreibe wertepaare :
    put (text (x, 10)); put (f, text (x, 10)) ;
    REAL VAR y := funktion (x) ;
    put ("I"); put (f, "I") ;
    put (y); line ;
    put (f, y); line (f) .

  rechte grenze erreicht :
    x >= rechts .

END PROC wertetabelle ;

Beispiel :
   wertetabelle (PROC sin, -pi, pi, pi /24.0) ;
```

75. Schaubild einer Funktion auf dem Bildschirm.

Der Bildschirm eines normalen Terminals stellt nur ein grobes Raster für das Schaubild einer Funktion zur Verfügung (24 Zeilen und 80 Spalten). Da der Wertevorrat für viele Funktionen beschränkt ist, wählen wir die 80 Spalten für die y - Richtung und benutzen die Zeilen über eine Bildschirmseite hinaus für die x - Richtung. In die Parameter der Prozedur nehmen wir außer der Funktion und ihren x - Grenzen die Einheiten der x - Achse, bzw. (durch Angabe des minimalen - , bzw. des maximalen y) der y - Achse. Weil i.a ueber einen Bildschirm hinaus gearbeitet wird, läßt sich die cursor - Prozedur nicht verwenden.
Für einen stehenden Bildschirm kann man die cursor - Funktion benützen und die Auflösung dadurch etwas verbessern, daß man als oberen Abschluß entweder einen Punkt oder einen Doppelpunkt nimmt. Das wirkt besonders dann günstig, wenn nur positive Funktionswerte vorhanden sind und durch eine Folge von Doppelpunkten ("Stabdiagramm") dargestellt werden.

```
PROC schaubild (REAL PROC (REAL CONST) f,
                REAL CONST von x, bis x, delta x,
                           min y, max y) :

  page ;
  REAL VAR x := von x ;
  WHILE x <= bis x REP
    male zeile ;
    x INCR delta x
  ENDREP .

  male zeile :
    IF x ganz nah bei 0
      THEN male y achse
    FI ;
    male teil der x achse ;
    male funktion ;
    line .

  x ganz nah bei 0 : -delta x/2.0 < x AND x <= delta x/2.0 .

  male y achse :
    cursor (1, 24);
    out (79 * "-") .
```

```
  male teil der x achse :
    male (0.0, min y, max y, "I") .

  male funktion :
    male ( f (x), min y, max y, "+") .

ENDPROC schaubild ;

PROC male (REAL CONST y, min, max, TEXT CONST zeichen ) :

  IF y >= min AND y <= max
    THEN cursor (int ((y - min) * massstab + 1.0), 24) ;
         out (zeichen)
  FI .

  massstab : 78.0/(max - min) .

ENDPROC male ;
```

Beispiel:

```
schaubild (PROC sin, -pi, pi, pi/24.0, -1.5, 1.5)
```

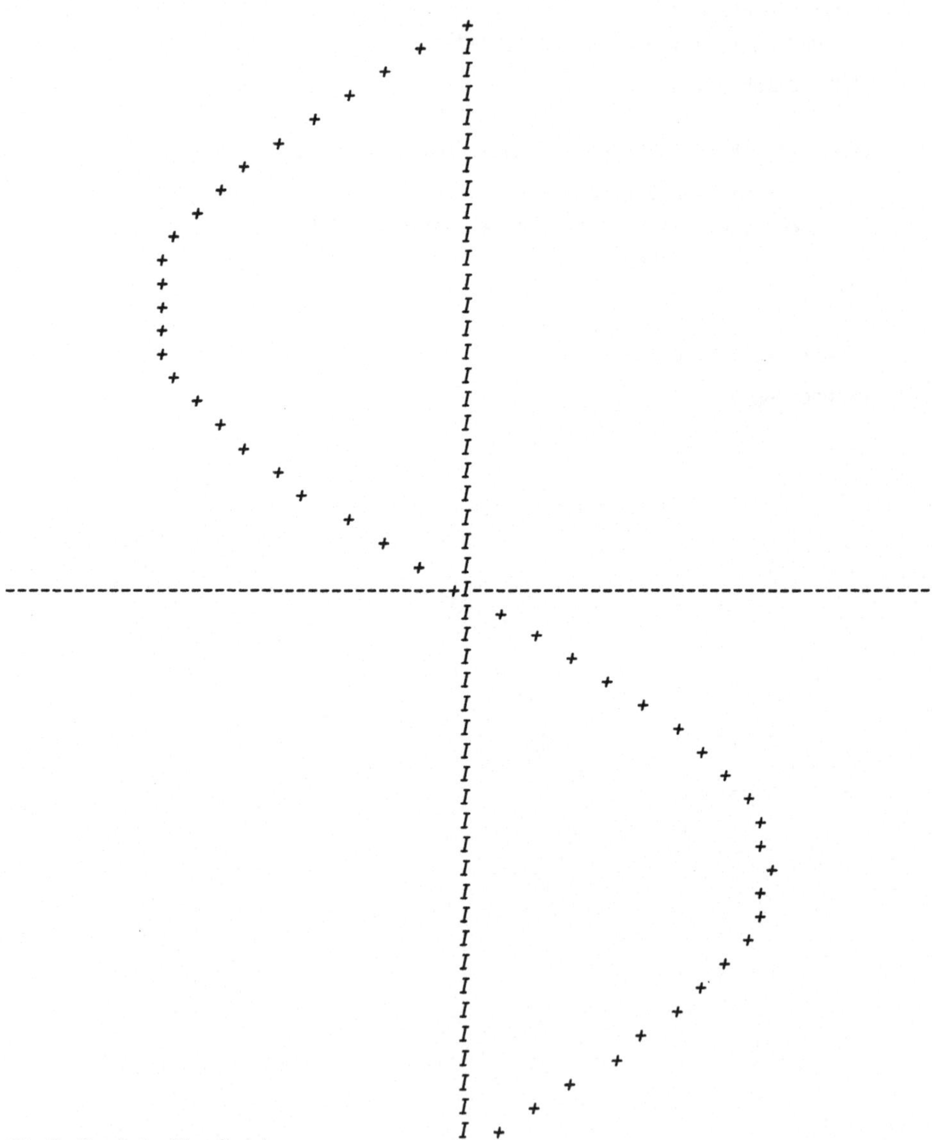

Abb.17: Graph der Sinusfunktion.

76: Ein Paket Mengenlehre.

Eine Menge wird hier aus INT - Elementen gebildet (für Textelemente resultieren nur geringfügige Änderungen). In den abstrakten Datentyp geht noch die Mächtigkeit der Menge, also die Anzahl der Elemente, ein. Im Zentrum des Paketes stehen die Operationen Schnitt, Vereinigung und Rest, die jeweils wieder auf Mengen als Ergebnisse führen. "ELEM" ist ein Operator zwischen einem Element und einer Menge mit der Bedeutung von "ist Element von". Die weniger üblichen Operatoren "MIT" bzw. "OHNE" sind für die Adjunktion bzw. Streichung eines Elementes praktisch.

```
PACKET mengenlehre
  DEFINES MENGE, put, get, ELEM, SCHNITT, UNION, REST,
          MAECHTIGKEIT, MIT, OHNE, :=, init :

TYPE MENGE = STRUCT (ROW 100 INT elemente, INT anzahl) ;

PROC put (MENGE CONST m) :
  INT VAR i ;
  IF m.anzahl = 0 THEN put ("leere Menge") FI ;
  FOR i FROM 1 UPTO m.anzahl REP
    put (m.elemente [i])
  END REP
END PROC put ;

PROC get (MENGE VAR m) :
  INT VAR wort ;
  m.anzahl := 0 ;
  put ("erstes element :"); get (wort) ;
  WHILE wort <> maxint REP
    m.anzahl INCR 1 ;
    m.elemente [m.anzahl] := wort ;
    line ;
    put ("naechstes element :") ;
    get (wort) ;
  ENDREP
END PROC get ;
```

```
INT OP MAECHTIGKEIT (MENGE CONST m) :
  m.anzahl
END OP MAECHTIGKEIT ;

BOOL OP ELEM (INT CONST wort, MENGE CONST m) :
  INT VAR i ;
  FOR i FROM 1 UPTO m.anzahl REP
    IF wort = m.elemente [i]
      THEN LEAVE ELEM WITH TRUE
      FI
  ENDREP ;
  FALSE
END OP ELEM ;

MENGE OP SCHNITT (MENGE CONST m1,m2) :
  MENGE VAR m ;
  INT VAR i, elementzaehler :: 0 ;
  FOR i FROM 1 UPTO m1.anzahl REP
    IF m1.elemente [i] ELEM m2
      THEN elementzaehler INCR 1 ;
           m.elemente [elementzaehler] := m1.elemente [i]
    FI
  ENDREP ;
  m.anzahl := elementzaehler ;
  m
END OP SCHNITT ;

MENGE OP UNION (MENGE CONST m1,m2) :
  MENGE VAR m ; INT VAR i ;
  m := m1 ;
  FOR i FROM 1 UPTO m2.anzahl REP
    IF NOT (m2.elemente [i] ELEM m1)
      THEN m.anzahl INCR 1 ;
           m.elemente [m.anzahl] := m2.elemente [i]
    FI
  ENDREP ;
  m
END OP UNION ;
```

```
MENGE OP REST (MENGE CONST m1,m2) :

  MENGE VAR m ;
  INT VAR i, elementzaehler :: 0 ;
  FOR i FROM 1 UPTO m1.anzahl REP
    IF NOT (m1.elemente [i] ELEM m2)
      THEN elementzaehler INCR 1 ;
           m.elemente [elementzaehler] := m1.elemente [i]
    FI ;
  ENDREP ;
  m.anzahl := elementzaehler ;
  m

END OP REST ;


MENGE OP MIT (MENGE CONST m1, INT CONST e) :

  MENGE VAR m :: m1 ;
  IF NOT (e ELEM m)
    THEN m.anzahl INCR 1 ;
         m.elemente [m.anzahl] := e
  FI;
  m

END OP MIT ;


MENGE OP OHNE (MENGE CONST m1, INT CONST e) :

  MENGE VAR m :: m1 ;
  INT VAR i ;
  IF e ELEM m
    THEN suche element und streiche es
  FI ;
  m .

  suche element und streiche es :
    FOR i FROM 1 UPTO m.anzahl REP
      IF m.elemente [i] = e
        THEN ersetze zu loeschendes durch letztes ;
             m.anzahl DECR 1 ;
             LEAVE suche element und streiche es
      FI
    ENDREP.

    ersetze zu loeschendes durch letztes :
      m.elemente [i] := m.elemente [m.anzahl]

END OP OHNE ;
```

```
PROC init (MENGE VAR m) :

  INT VAR i ;
  FOR i FROM 1 UPTO 100 REP
    m.elemente [i] := 0
  ENDREP ;
  m.anzahl := 0

END PROC init ;

OP := (MENGE VAR a, MENGE CONST b) :

  CONCR (a) := CONCR (b)

END OP :=

END PACKET mengenlehre
```

Beispiel: *MENGE VAR m1, m2, m3, m4 ;*
init (m1); init (m2); init (m3); init (m4) ;
get (m1); get (m2); get (m3); get (m4) ;
put (((m1 SCHNITT m2) UNION m3) RESTm4)

Bei Eingabe von m1 : 1, 2, 3, 4, 5
m2 : 2, 4, 5, 7, 9
m3 :17,20,21
m4 : 4 resultiert: 2 5 17 20 21

77. Simpson – Integration für vorgegebene Funktionen.

Häufig benötigt man eine Integrationsprozedur. Hier wird als ein Standardverfahren eine möglichst einfache Simpsonprozedur dargestellt. Wenn sie innerhalb einer Task insertiert wird, kann der Aufruf "simpsonintegral" eine fast mathematische Schreibweise einhalten. Für die Anzahl der Intervalle muß eine gerade Zahl eingegeben werden.

```
REAL PROC simpsonintegral (REAL PROC (REAL CONST) f,
          REAL CONST links, rechts, INT CONST anzahl) :

  REAL VAR flaeche := f (links),
           delta x := (rechts - links)/real (anzahl) ;
  INT VAR i ;
  FOR i FROM 1 UPTO anzahl REP
    IF (i MOD 2) = 0
      THEN flaeche INCR 2.0 * stuetzpunkt
      ELSE flaeche INCR 4.0 * stuetzpunkt
    FI
  PER ;
  flaeche DECR f (rechts) ;
  flaeche * delta x/3.0 .

  stuetzpunkt :
    f (real (i) * delta x + links)
    (* So entstehen keine Rundungsfehler durch
       fortwährende Addition von delta x *) .

END PROC simpsonintegral ;
```

Beispiel:

put (simpsonintegral (PROC sin, 0.0, pi, 10))

liefert den Wert 2.00011

put (simpsonintegral (PROC sin, 0.0, pi, 50))

liefert bereits den Wert 2.

78. Quadratische Gleichung.

Das Programm soll alle denkbaren Fälle erfassen und nicht vom Paket "Komplexe Zahlen" Gebrauch machen.

```
PROC quadratische gleichung (REAL CONST a, b, c) :

  IF a = 0.0
    THEN lineare gleichung
    ELSE berechne diskriminante ;
         IF diskriminante >= 0.0
           THEN berechne reelle loesungen
           ELSE berechne komplexe loesungen
         FI
  FI .

lineare gleichung :
  IF b  = 0.0
    THEN IF c = 0.0
           THEN put ("Identitaet")
           ELSE put ("Loesungsmenge leer")
         FI
    ELSE put ("x ="); put (-c/b)
  FI .

berechne reelle loesungen :
  put ("x1 ="); put ((sqrt (diskriminante) - b)/2.0/a) ;
  put ("x2 ="); put ((-sqrt (diskriminante) - b)/2.0/a) .

berechne diskriminante :
  REAL VAR diskriminante :: b * b - 4.0 * a * c .

berechne komplexe loesungen :
  put ("x1 ="); put (-b/2.0/a) ;
  put ("+"); put (sqrt (-diskriminante)/2.0/a) ;
  put ("i"); line ;
  put ("x2 ="); put (-b/2.0/a) ;
  put ("-"); put (sqrt (-diskriminante)/2.0/a) ;
  put ("i")

END PROC quadratische gleichung ;
```

Beispiel:
Der Aufruf
quadratische gleichung (1.0, -5.0, 6.0)
liefert den Ausdruck
x1 = 3. x2 = 2.

VIII. SORTIER - VERFAHREN .

79. Vereinigung von 2 sortierten Dateien.

2 Dateien sollen zu einer einzigen zusammengefügt werden. Die Ausgangsdateien liegen sortiert vor, die Zieldatei soll ebenfalls sortiert werden, und zwar gleich beim Einlesen. Großschreibung von Anfangsbuchstaben soll nicht vorkommen, ebensowenig wie deutsche Schreibweisen.

```
beginne mit leerer gesamtdatei ;
beginne am anfang beider teildateien ;
WHILE beide enthalten noch elemente REP
  IF naechstes element von datei a < naechstes element von datei b
    THEN transferiere naechstes element von datei a
    ELSE transferiere naechstes element von datei b
  FI
ENDREP ;
transferiere verbliebenen rest von datei a oder datei b .

beginne mit leerer gesamtdatei :
  FILE VAR gesamtdatei :: sequentialfile (output, "Gesamtdatei") .

beginne am anfang beider teildateien :
  FILE VAR datei a :: sequentialfile (input, "Datei A") ;
  FILE VAR datei b :: sequentialfile (input, "Datei B") ;
  TEXT VAR element a, element b ;
  get (datei a, element a) ;
  get (datei b, element b) .

naechstes element von datei a : element a .
naechstes element von datei b : element b .

transferiere naechstes element von datei a :
  put (gesamtdatei, element a) ;
  get (datei a, element a) .
```

```
transferiere naechstes element von datei b :
  put (gesamtdatei, element b) ;
  get (datei b, element b) .

beide enthalten noch elemente : NOT eof (datei a) AND
                                NOT eof (datei b) .

transferiere verbliebenen rest von datei a oder datei b :
  IF element a < element b
    THEN put (gesamtdatei, element a) ;
         put (gesamtdatei, element b) ;
    ELSE put (gesamtdatei, element b) ;
         put (gesamtdatei, element a) ;
  FI ;
  WHILE NOT eof (datei a) REP
    get (datei a, element a) ;
    put (gesamtdatei, element a)
     ENDREP ;
  WHILE NOT eof (datei b) REP
    get (datei b, element b) ;
    put (gesamtdatei, element b)
  ENDREP .
```

80. Maximum aus einer Liste.

Das Programm initialisiert das Maximum auf den ersten Wert der Liste und überschreibt es immer dann, wenn eine Verbesserung möglich ist; dabei merkt sich der Rechner die Platznummer des aktuellen Maximums. Die Ausgabe der unsortierten Liste erfolgt in 10 rechtsbündigen Spalten.

```
LET n = 100 ;
erzeuge unsortierte liste ;
drucke diese liste ;
nimm erstes als vorlaeufig groesstes ;
FOR nr FROM 2 UPTO n REP
  IF dieses ist groesser
    THEN nimm dieses als vorlaeufig groesstes
  FI
ENDREP ;
gib platznummer und wert des maximums aus .

erzeuge unsortierte liste :
  ROW 100 INT VAR liste ;
  INT VAR nr ;
  FOR nr FROM 1 UPTO 100 REP
    liste [nr] := random (1, maxint)
  ENDREP .

drucke diese liste :
  FOR nr FROM 1 UPTO 100 REP
    put (text (liste [nr], 5)) ;
    IF nr MOD 10 = 0 THEN line FI
  ENDREP .

nimm erstes als vorlaeufig groesstes :
  INT VAR max      := liste [1].
          maxindex := 1 .

dieses ist groesser :
  liste [nr] > max .

nimm dieses als vorlaeufig groesstes :
  max := liste [nr] ;
  maxindex := nr .

gib platznummer und wert des maximums aus :
  line ;
  put ("Platznummer des Maximums:"); put (maxindex) ;
  line ;
  put ("Wert des Maximums:"); put (liste [maxindex]) .
```

81. Ermittlung der m Besten aus einer Liste von n Guten.

Mit geringen Veränderungen können wir das vorige Beispiel erweitern, so daß die m Bestplazierten gefunden werden.

```
LET n = 100, m = 10 ;            (* m < n *)
erzeuge unsortierte liste ;
drucke diese liste ;
ermittle beste .

erzeuge unsortierte liste :
  ROW 100 INT VAR liste ;
  INT VAR nr ;
  FOR nr FROM 1 UPTO 100 REP
    liste [nr] := random (1, maxint)
  ENDREP .

drucke diese liste :
  FOR nr FROM 1 UPTO 100 REP
    put (text (liste [nr], 5)) ;
    IF nr MOD 10 = 0 THEN line FI
  ENDREP .

ermittle beste :
  nimm erste als vorlaeufig plazierte ;
  FOR nr FROM m + 1 UPTO n REP
    IF dieser ist besser als letztplazierter
      THEN plaziere diesen
    FI
  ENDREP ;
  zeige plazierte .

nimm erste als vorlaeufig plazierte :
  ROW m INT VAR plaziert ;
  FOR nr FROM 1 UPTO m REP
    plaziert [nr] := liste [nr]
  ENDREP ;
  ermittle letztplazierten .

dieser ist besser als letztplazierter :
  liste [nr] > letztplazierter .

plaziere diesen :
  plaziert [letzte stelle] := liste [nr] ;
  ermittle letztplazierten .
```

```
ermittle letztplazierten :
  INT VAR letzte stelle := 1, i ;
  FOR i FROM 2 UPTO m REP
    IF letztplazierter > plaziert [i]
      THEN letzte stelle := i
    FI
  ENDREP .

letztplazierter : plaziert [letzte stelle] .

zeige plazierte :
  line ;
  FOR nr FROM 1 UPTO 10 REP
    put (plaziert [nr])
  ENDREP .
```

82. Ein Baum zum lexikographischen Sortieren.

Wir geben einen Text mit der Höchstlänge von 50 Wörtern in ein ROW. Dieses Feld besteht aus Knoten, ein Knoten aus einer Struktur mit dem betreffenden Wort, den ROW-Indizes, mit welchem Wort der Baum links bzw. rechts zu ergänzen ist, sowie einem Zähler, der ein evt. mehrfaches Auftreten des Wortes zählt. Endblätter des Baumes werden durch den Index "0" gekennzeichnet. Ein neues Wort wandert solange nach links, wie es lexikographisch vor dem aktuellen Teilbaum liegt, sonst nach rechts, und wird beim ersten Endblatt angefügt.
Für die Ausgabe sind 2 Prozeduren vorgesehen. Die erste Prozedur gibt nach Eingabereihenfolge aus, die zweite in lexikographischer Ordnung. Dabei werden in der ersten Prozedur alle Indizes zur Kontrolle genannt. Die zweite Prozedur ist eine rekursive Prozedur, welche durch "Projektion" des Baumes eine lexikographische Ordnung erzeugt. Wir verzichten auf Großbuchstaben und Sonderzeichen. Die Eingabe wird mit ".." abgeschlossen.

Beispielsatz:

"kuckuck heute ist sonntag und das wetter ist maessig"

Der Baum hat folgende Gestalt:

```
                 kuckuck
        heute                sonntag
    das       ist        maessig     und
                                        wetter
```

Man kann einen solchen sortierten Baum z.B. zur raschen Korrektur der Rechtschreibung von Fremdwörtern in einem Text einsetzen. Wenn im günstigsten Fall der Baum gleichmäßig gewachsen ("ausbalanciert") ist, genügen für 1000 Wörter nur 10 Vergleiche auf Ähnlichkeit.

Für die Realisierung setzen wir das Paketkonzept von ELAN ein. Wir implementieren ein 'PACKET', das den Datentyp 'BAUM' und die Prozeduren 'init', 'trage ein', 'index', 'dump', 'put' und 'drucke ast' zur Verfügung stellt.

```
PACKET baeume DEFINES BAUM, init, trage ein,
                      index, dump, put, drucke ast :

  LET KNOTEN = STRUCT (TEXT wort, INT links, rechts, zaehler) ;

  TYPE BAUM = STRUCT (INT letzter knoten, ROW 50 KNOTEN knoten) ;

  PROC init (BAUM VAR baum, TEXT CONST wurzel) :

    baum.letzter knoten := 1 ;
    baum.knoten [1]     := KNOTEN : (wurzel, 0, 0, 1)

  ENDPROC init ;

  PROC trage ein (BAUM VAR baum, TEXT CONST wort) :

    beginne an der wurzel ;
    WHILE aktueller knoten belegt REP
      IF wort = aktueller knoten.wort
        THEN aktueller knoten.zaehler INCR 1 ;
             LEAVE trage ein
      ELIF wort < aktueller knoten.wort
        THEN zum linken  sohn
        ELSE zum rechten sohn
      FI
    ENDREP ;
    fuege neuen knoten ein .

    beginne an der wurzel :
      INT VAR aktueller index := 1, letzter index := 0 .

    aktueller knoten belegt :
      aktueller index <> 0 .

    zum linken sohn :
      letzter   index := aktueller index ;
      aktueller index := aktueller knoten.links .

    zum rechten sohn :
      letzter   index := aktueller index ;
      aktueller index := aktueller knoten.rechts .

    aktueller knoten : baum.knoten [aktueller index] .
```

```
  fuege neuen knoten ein :
    IF baum.letzter knoten < 50
      THEN baum.letzter knoten INCR 1 ;
           aktueller index  := baum.letzter knoten ;
           aktueller knoten := KNOTEN : (wort, 0, 0, 1) ;
           IF wort < letzter knoten.wort
             THEN letzter knoten.links  := aktueller index
             ELSE letzter knoten.rechts := aktueller index
           FI
      ELSE errorstop ("Saum läuft über")
    FI .

  letzter knoten : baum.knoten [letzter index] .

END PROC trage ein ;


INT PROC index (BAUM CONST baum, TEXT CONST wort) :

  index (baum, wort, 1)

END PROC index ;


INT PROC index (BAUM CONST baum, TEXT CONST wort,
                INT CONST aktueller index) :

  IF   aktueller index = 0
    THEN 0
  ELIF aktueller knoten.wort = wort
    THEN aktueller index
  ELIF aktueller knoten.wort > wort
    THEN index (baum, wort, aktueller knoten.links)
    ELSE index (baum, wort, aktueller knoten.rechts)
  FI .

  aktueller knoten : baum.knoten [aktueller index] .

END PROC index ;


PROC dump (BAUM CONST baum) :

  INT VAR i ;
  FOR i FROM 1 UPTO baum.letzter knoten REP
    put (i) ;
    put (baum.knoten [i].wort) ;
    put (baum.knoten [i].links) ;
    put (baum.knoten [i].rechts) ;
    put (baum.knoten [i].zaehler) ;
    line
  ENDREP

END PROC dump ;
```

```
PROC put (BAUM CONST baum) :
  drucke ast (baum, 1)
ENDPROC put ;

PROC drucke ast (BAUM CONST baum, INT CONST aktueller index) :
  IF aktueller index <> 0
    THEN drucke ast (baum, aktueller knoten.links) ;
         put (aktueller knoten.wort) ;
         put (aktueller knoten.zaehler ) ;
         line ;
         drucke ast (baum, aktueller knoten.rechts)
  FI .

  aktueller knoten : baum.knoten [aktueller index] .
END PROC drucke ast ;

END PACKET baeume ;
```

Dieses Paket können wir für dieses Problem und auch später folgende Aufgaben verwenden. Das eigentlich Programm ist jetzt sehr einfach:

```
BAUM VAR baum ;
TEXT VAR wort ;
get (wort) ;
init (baum, wort) ;
WHILE wort <> ".." REP
  get (wort) ;
  trage ein (baum, wort)
ENDREP ;
dump (baum) ;
put (baum) .
```

83. Fehlerkorrektur mit einem Baum von Musterwörtern.

Im folgenden Programm ist das vorige Beispiel nur leicht variiert worden, um es zu einer Fehlerkorrektur anzuwenden. Zunächst werden Musterwörter aus einem Lexikon eingelesen.

Anschließend wird der Probetext aus einer zweiten Datei eingelesen (Natürlich braucht man sich nicht auf Kleinschreibung zu beschränken) und mit dem Lexikon verglichen.

Eine Korrektur kann ggf. anschließend mit den Hilfsmitteln des EUMEL - Editors leicht durchgeführt werden.

```
fuelle lexikon ;
pruefe probetext .

fuelle lexikon :
  FILE VAR l :: sequential file (input, "Lexikon") ;
  BAUM VAR lexikon ;
  TEXT VAR wort ;
  get (l, wort) ;
  init (lexikon, wort) ;
  WHILE NOT eof (l) REP
    get (l, wort) ;
    trage ein (lexikon, wort)
  ENDREP .

pruefe probetext :
  FILE VAR p :: sequential file (input, "Probetext") ;
  WHILE NOT eof (p) REP
    get (p, wort) ;
    pruefe wort
  ENDREP .

pruefe wort :
  IF index (lexikon, wort) = 0
    THEN put (wort); trage ein (lexikon, wort)
  FI .
```

84. Sortieren nach Bubblesort.

Die einfachste Sortierprozedur für eine unsortierte Liste besteht in fortschreitenden Inspektionen, bei denen beobachtete Fehlstände durch Dreieckstausch mitgenommen werden, bis sie richtig eingeordnet sind. Die Inspektionen können immer kürzer werden, denn nach der ersten Inspektion steht mit Sicherheit das letzte Element richtig, nach der zweiten auch das vorletzte usw. Außerdem können die Inspektionsgänge vorzeitig beendet werden, wenn bei einer Inspektion überhaupt kein Fehlstand mehr beobachtet wurde.

```
LET n = 200 ;
ROW n INT VAR testliste ;
erzeuge unsortierte liste ;
drucke ;
bubblesort; drucke ;

PROC drucke :
  line ;
  INT VAR i ;
  FOR i FROM 1 UPTO n REP
    put (testliste [i])
  ENDREP
END PROC drucke ;

PROC erzeuge unsortierte liste :
  INT VAR i ;
  FOR i FROM 1 UPTO n REP
    testliste [i] := random (1, 100)
  ENDREP
END PROC erzeuge unsortierte liste ;

PROC bubblesort :
  INT VAR index ;
  FOR index FROM 1 UPTO n - 1 REP
    vertausche im bereich des noch unsortierten listenrestes
  UNTIL vertauschung nicht mehr notwendig END REPEAT .

  vertausche im bereich des noch unsortierten listenrestes :
    BOOL VAR vertauschung nicht mehr notwendig := TRUE ;
    INT VAR elemente ;
    FOR elemente FROM 1 UPTO n - index REP
      pruefe auf fehlstaende und beseitige sie
    ENDREP .
```

```
  pruefe auf fehlstaende und beseitige sie :
    IF ordnung zwischen nachbarn verkehrt
      THEN tausche nachbarn ;
           vertauschung nicht mehr notwendig := FALSE
    FI .

  ordnung zwischen nachbarn verkehrt :
    testliste [elemente] > testliste [elemente + 1] .

  tausche nachbarn :
    INT VAR hilfsvar         := testliste [elemente] ;
    testliste [elemente]     := testliste [elemente + 1] ;
    testliste [elemente + 1] := hilfsvar .

END PROC bubblesort ;
```

85. Sortieren nach Shuttlesort.

Bei der Sortierprozedur Shuttlesort wird vorwärts und rückwärts gelaufen. Wird beim Vorwärtslaufen ein Fehlelement entdeckt, wird der Ort festgehalten und das Element herausgenommen. Mit dem dadurch entstandenen freien Platz wird solange rückwärts gelaufen, bis das Fehlelement eingeordnet werden kann. Danach wird die Vorwärtssuche vom gemerkten Platz aus fortgesetzt.
Der globale Rahmen ist derselbe wie beim vorigen Beispiel, so daß er nicht wiederholt werden muß.

```
PROC shuttle sort :

  INT VAR index ;
  FOR index FROM 1 UPTO n - 1 REP
    vergleiche elemente und laufe ggf rueckwaerts
  END REPEAT .

  vergleiche elemente und laufe ggf rueckwaerts :
    IF testliste [index] > testliste [index + 1]
      THEN laufe rueckwaerts
    FI .

  laufe rueckwaerts :
    INT VAR neuer index ;
    FOR neuer index FROM index + 1 DOWNTO 2 REP
      BOOL VAR element einsortiert := FALSE ;
      vertausche elemente falls notwendig
    UNTIL element einsortiert END REPEAT .

  vertausche elemente falls notwendig :
    IF testliste [neuer index] < testliste [neuer index - 1]
      THEN vertausche
      ELSE element einsortiert := TRUE
    FI .

  vertausche :
    INT VAR hilfsvar := testliste [neuer index] ;
    testliste [neuer index]     := testliste [neuer index - 1] ;
    testliste [neuer index - 1] := hilfsvar .

END PROC shuttlesort ;
```

86. Sortieren nach Quicksort.

Quicksort ist eine besonders effiziente rekursive Sortierprozedur. Die Strategie ist ausführlich in Klingen/Liedtke "Programmieren mit ELAN" im gleichen Verlag erläutert. Hier wird die Prozedur nur in einer kurzen Schreibweise wiedergegeben. Wiederum ist der globale Rahmen derselbe wie in den beiden vorigen Beispielen.

```
PROC quicksort (INT CONST links, rechts) :
  INT VAR i :: links, j :: rechts ;
  INT VAR pivot :: testliste [mitte] ;
  REP
    suche fehlstandspaar ;
    drehe es um pivot
  UNTIL i > j PER ;
  behandle teillisten rekursiv soweit noetig .

  mitte : (links + rechts) DIV 2 .

  suche fehlstandspaar :
    WHILE testliste [i] < pivot REP
      i INCR 1
    PER ;
    WHILE testliste [j] > pivot REP
      j DECR 1
    PER .

  drehe es um pivot :
    IF i <= j
      THEN dreieckstausch ;
           i INCR 1 ;
           j DECR 1
    FI .

  dreieckstausch :
    INT VAR hilf  := testliste [i] ;
    testliste [i] := testliste [j] ;
    testliste [j] := hilf .

  behandle teillisten rekursiv soweit noetig :
    IF links < j THEN
      quicksort (links, j)
    FI ;
    IF i < rechts THEN
      quicksort (i, rechts)
    FI

END PROC quicksort ;
```

Wenn man einen Laufzeitvergleich für die drei Sortierprozeduren durchführen will, kann das z.B. nach folgendem Rahmen geschehen. (Man beachte, daß durch ausdrückliches Initialisieren des Zufallsgenerators jeweils dieselbe unsortierte Liste hergestellt wird. Dies hätte natürlich auch durch Kopieren dieser Liste geschehen können.)

```
LET n = 1000 ;
ROW n INT VAR testliste; INT VAR i; erzeuge und drucke
unsortierte liste ;
putline ("        SHUTTLESORT") ;
REAL VAR anfang := clock (0) ;
shuttlesort ;
REAL VAR ende := clock (0) ;
line; put ("      CPU-TIME:"); putline (ende - anfang) ;
drucke ;
line (2) ;

erzeuge und drucke unsortierte liste ;
putline ("        BUBBLESORT") ;
anfang := clock (0) ;
bubblesort ;
ende := clock (0) ;
line; put ("      CPU-TIME:"); putline (ende - anfang) ;
drucke ;

erzeuge und drucke unsortierte liste ;
putline ("        QUICKSORT") ;
anfang := clock (0) ;
quicksort (1, n) ;
ende := clock (0) ;
line; put ("      CPU-TIME:"); putline (ende - anfang) ;
drucke .

erzeuge und drucke unsortierte liste :
  line; putline ("Start fuer den Zufallsgenerator?") ;
  INT VAR start; get (start) ;
  initialize random (start) ;
  FOR i FROM 1 UPTO n REP
    testliste [i] := random (1, n)
  ENDREP ;
  drucke .

drucke :
  FOR i FROM 1 UPTO n REP
    put (testliste [i])
  ENDREP .
```

IX. SOZIALKUNDLICHE ANWENDUNGEN.

87. Auswahl aus einer Datei nach Merkmalen.

Im Programm wird eine Lehrerliste eingegeben, und zwar mit Namen, Lehrfächern und Alter des Lehrers. Der Datentyp "LEHRER" hat eine entsprechende Struktur. Anschließend wird eine Teilmenge der Lehrerliste je nach gewünschtem Fach und nach eingegebener Altersbegrenzung wieder ausgegeben. Entsprechende Programme kann man für viele Zwecke konstruieren. Als weiteres Beispiel sei eine Dia-Sammlung mit den Merkmalen "Kastennummer", "Dianummer", "Reiseland", "Motivklasse", "lfd nr" angegeben.

```
PACKET lehrerkollegium DEFINES LEHRER, fach 1, fach 2,
                               alter, put, get :

TYPE LEHRER=STRUCT(TEXT name, fach 1, fach 2, INT alter);

  TEXT PROC fach 1 (LEHRER CONST lehrer) :

    lehrer.fach 1

  END PROC fach 1 ;

  TEXT PROC fach 2 (LEHRER CONST lehrer) :

    lehrer.fach 2

  END PROC fach 2 ;

  INT PROC alter (LEHRER CONST lehrer) :

    lehrer.alter

  END PROC alter ;
```

```
  PROC put (LEHRER CONST lehrer) :
    line ;
    put (text (lehrer.name,   15)) ;
    put (text (lehrer.fach 1, 12)) ;
    put (text (lehrer.fach 2, 12)) ;
    put (lehrer.alter)
  END PROC put ;

  PROC get (LEHRER VAR lehrer) :
    line ;
    put ("Lehrername ?") ;
    get (lehrer.name) ;
    put ("Lehrerfaecher?") ;
    get (lehrer.fach 1); get (lehrer.fach 2) ;
    put ("Lehreralter?") ;
    get (lehrer.alter)
  END PROC get

END PACKET lehrerkollegium ;

ROW 50 LEHRER VAR lehrerliste ;
gib lehrerliste ein ;
gib auswahlfach ein ;
gib altersgrenze ein ;
gib ergebnis aus .

gib lehrerliste ein :
  INT VAR i, anzahl; line ;
  put ("Anzahl der Lehrer ?") ;
  get (anzahl) ;
  FOR i FROM 1 UPTO anzahl REP
    get (lehrerliste [i])
  ENDREP .

gib auswahlfach ein :
  line (2) ;
  put ("Welches Fach wird gewuenscht?") ;
  TEXT VAR auswahlfach ;
  get (auswahlfach) .
```

```
gib altersgrenze ein :
  put ("Altersgrenze?") ;
  INT VAR grenzalter ;
  get (grenzalter) .

gib ergebnis aus :
  FOR i FROM 1 UPTO anzahl REP
    IF (fach 1 (lehrerliste [i]) = auswahlfach OR
        fach 2 (lehrerliste [i]) = auswahlfach) AND
        alter  (lehrerliste [i]) <  grenzalter)
     THEN put (lehrerliste [i])
    FI
  ENDREP .
```

88. Darstellung einer Bevölkerungspyramide.

Die statistischen Jahrbücher geben jedes Jahr die Daten der deutschen Wohnbevölkerung getrennt nach Männern und Frauen an. Außerdem findet man dort die Erwerbsquoten für jeden Jahrgang (Hier wird vorausgesetzt, daß die Bevölkerung in 1000 und die Erwebsquoten in Prozent angegeben sind). Auf einem Plotter, einem graphischem Terminal oder auf einem Drucker ist es möglich, jedes einzelne Jahr auszudrucken. Für den Bildschirm werden jeweils 5 Jahrgänge zusammengefaßt. Statt der Erwerbstätigen kann man z.B. auch den Ausländeranteil eintragen.

```
TYPE JAHRG = STRUCT (REAL maenner, frauen) ;

ROW 100 JAHRG VAR pyramide ;
ROW 21 REAL VAR erwerbsquote maenner, erwerbsquote frauen ;
lies die deutschen daten ein ;
drucke die deutsche pyramide ;

PROC lies die deutschen daten ein :
  lies die wohnbevoelkerung ein ;
  lies die erwerbsquoten ein .

  lies die wohnbevoelkerung ein :
    FILE VAR f ::sequential file (input, "deutsche daten") ;
    INT VAR i ;
    page; put ("Ich lese die deutschen Daten ein.") ;
    FOR i FROM 1 UPTO 100 REP
      get (f, pyramide [i].maenner) ;
      get (f, pyramide [i].frauen)
    ENDREP; line .

  lies die erwerbsquoten ein :
    FILE VAR f3 :: sequential file (input, "erwerbsquoten") ;
    put ("Ich lese die Erwerbsquoten ein.") ;
    FOR i FROM 1 UPTO 21 REP
      get (f3, erwerbsquote maenner [i]) ;
      get (f3, erwerbsquote frauen  [i])
    ENDREP ;
    line; put ("Ich bin jetzt fertig!") .

END PROC lies die deutschen daten ein ;
```

```
PROC drucke die deutsche pyramide :
    INT VAR jahreszahl :: 100, zeilenzahl :: 0 ;
    REP
      zeichne fuenfjahresgraphik; line ;
      jahreszahl DECR 5 ;
      zeilenzahl INCR 1
    UNTIL jahreszahl = 0 ENDREP ;
    schreibe bildunterschrift .

  zeichne fuenfjahresgraphik :
    cursor (39, zeilenzahl + 1); out (text (jahreszahl, 2)) ;
    berechne fuenfjahressummen ;
    zeichne frauenbalken ;
    cursor (39, zeilenzahl + 1); zeichne maennerbalken .

  zeichne frauenbalken :
    INT VAR laenge erwerb := int (round (erwerbsquote frauen
                   [21 - zeilenzahl]/100.0 * frauensumme/200.0,0)) ;
    INT VAR laenge frauenbalken := int (round ((frauensumme
                   - frauensumme * erwerbsquote frauen
                   [21 - zeilenzahl]/100.0)/200.0,0)) ;
    out (laenge erwerb * ">"); out (laenge frauenbalken * "*" ;
    out ((36 - laenge frauenbalken - laenge erwerb) * " ").

  berechne fuenfjahressummen :
    REAL VAR frauensumme :: 0.0, maennersumme :: 0.0 ;
    INT VAR i ;
    FOR i FROM jahreszahl DOWNTO jahreszahl - 4 REP
      maennersumme := maennersumme + pyramide [i].maenner ;
      frauensumme  := frauensumme  + pyramide [i].frauen ;
    ENDREP .

  zeichne maennerbalken :
    laenge erwerb := int (round (erwerbsquote maenner
                   [21 - zeilenzahl]/100.0 * maennersumme/200.0,0)) ;
    INT VAR laenge maennerbalken := int (round ((maennersumme
                   - maennersumme * erwerbsquote maenner
                   [21 - zeilenzahl]/100.0)/200.0,0)) ;
    out (37 * """8""") ;
    out((37 - laenge maennerbalken - laenge erwerb) * " ") ;
    out (laenge maennerbalken * "+") ;
    out (laenge erwerb * "<") .
```

```
    schreibe bildunterschrift :
      cursor (12, 20) ;
      put ("3         2         1         00
            1         2         3") ;
      cursor (37, 21) ;
      put("in Mio") ;
      cursor (12, 23) ;
      put ("< und > stellen die Anzahl der Erwerbstaetigen dar");
      cursor (25, 22) ;
      put("MAENNER                    FRAUEN") .
  END PROC drucke die deutsche pyramide ;
```

Beispiel für einen Ausdruck:

```
                             95+
                            +90***
                          +++85********
                      +++++++80***********
                  +++++++++++75****************
               ++++++++++++++70*******************
                  ++++++++++<65*************
              +++++++++<<<<<<60>>*****************
           +++<<<<<<<<<<<<<<<55>>>>>>>>***********
         +<<<<<<<<<<<<<<<<<<<50>>>>>>>>>********
     +<<<<<<<<<<<<<<<<<<<<<<<45>>>>>>>>>>>>*********
   +<<<<<<<<<<<<<<<<<<<<<<<<<40>>>>>>>>>>>>>*********
         <<<<<<<<<<<<<<<<<<<<35>>>>>>>>>>>********
       +<<<<<<<<<<<<<<<<<<<<<30>>>>>>>>>>>>*********
      ++<<<<<<<<<<<<<<<<<<<<<25>>>>>>>>>>>>>>********
    ++++<<<<<<<<<<<<<<<<<<<<<20>>>>>>>>>>>>>>>>>*******
   ++++++++++++++++<<<<<<<<<<15>>>>>>>>>>***************
         ++++++++++++++++++++10*******************
              +++++++++++++++05**************

3         2         1        00         1         2         3
                           in Mio
        MAENNER                           FRAUEN
```

Abb. 18: Deutsche Bevölkerungspyramide mit Erwerbsquoten.

89. Fortschreibung einer Bevölkerungspyramide.

Eine Bevölkerungspyramide kann nur unter folgenden Annahmen fortgeschrieben werden:

a) Die Einstellung der Bevölkerung bezüglich der Zahl ihrer Nachkommen verändert sich nicht.

b) Trotz medizinischen Fortschrittes bleiben die Sterberaten im wesentlichen unverändert.

Dem statistischen Jahrbuch können die Sterberaten nach Geschlechtern getrennt entnommen werden. Die Geburtenraten beziehen sich nur auf Frauen im gebärfähigen Alter von 15 bis zu 45 Jahren und sind hier nicht nach Geschlechtern getrennt angenommen. Die Fortschreibung besteht aus der Alterung eines jeden Jahrgangs unter Abzug der Sterbequoten, sowie aus der Ergänzung der Neugeborenen in der untersten Zeile der Pyramide.

Der Jahrgang wird hier, wie im Beispiel 88 als abstrakter Datentyp

```
TYPE JAHRG = STRUCT (REAL maenner, frauen)
```

angesehen. Im übrigen ist der Rahmen des vorigen Beispiels zu ergänzen, wobei eine Fortschreibung von Erwerbsquoten natürlich nicht möglich ist.
Solche Fortschreibungen sind besonders im Ländervergleich interressant, z.B. von Deutschland mit einem Entwicklungsland. Zwei Bevölkerungspyramiden passen nebeneinander auf den Bildschirm.

```
PROC fortschreiben (ROW 100 JAHRG VAR pyramide,
                    ROW 100 JAHRG VAR sterberaten,
                    ROW 30 REAL VAR geburtenraten) :

  geburten ermitteln ;
  todesfaelle feststellen ;
  gealterte pyramide zusammenstellen .

  geburten ermitteln :
    INT VAR alter; REAL VAR babies :: 0.0 ;
    FOR alter FROM 15 UPTO 44 REP
      babies INCR geburten
    ENDREP ;
    babies := babies/1000.0 .

  geburten :
    geburtenraten [alter - 14] * pyramide [alter].frauen .
```

```
todesfaelle feststellen :
  FOR alter FROM 1 UPTO 100 REP
    pyramide [alter].maenner DECR gestorbene maenner ;
    pyramide [alter].frauen  DECR gestorbene frauen
  ENDREP .

gestorbene maenner :
  sterberaten [alter].maenner * pyramide [alter].maenner/1000.0 .

gestorbene frauen :
  sterberaten [alter]. frauen * pyramide [alter].frauen/1000.0 .

gealterte pyramide zusammenstellen :
  FOR alter FROM 99 DOWNTO 1 REP
    pyramide [alter + 1].maenner := pyramide [alter].maenner ;
    pyramide [alter + 1].frauen  := pyramide [alter].frauen
  ENDREP ;
  pyramide [1].maenner :=        quote   * babies ;
  pyramide [1].frauen  := (1.0 - quote ) * babies .

quote : 0.51

END PROC fortschreiben ;
```

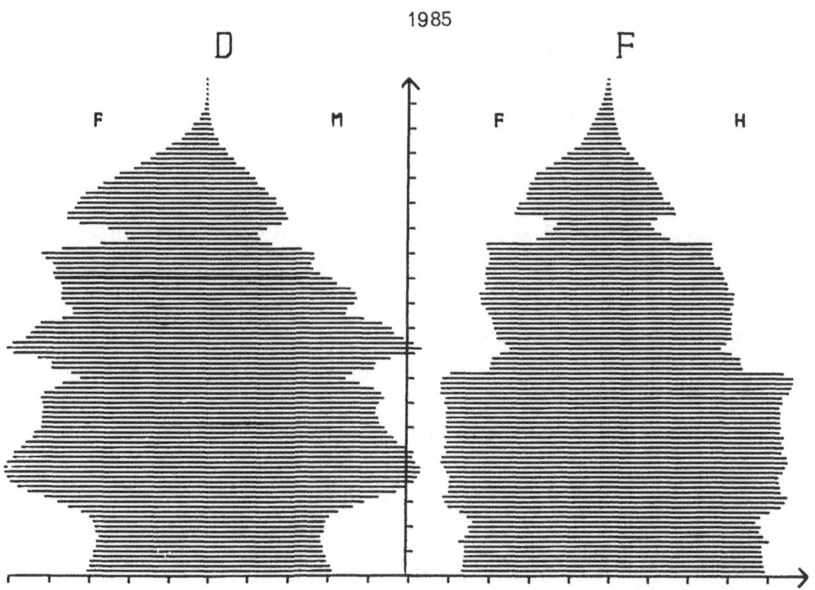

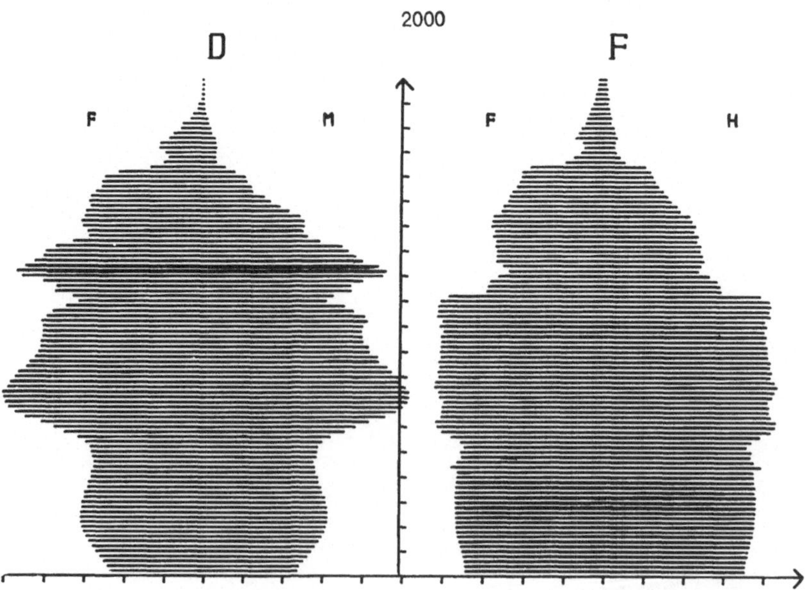

Abb.19: Vergleich der Bevölkerungspyramiden von Deutschland und Frankreich (1985 und 2000).

90. Wir veranstalten eine Wahlhochrechnung.

Für eine Wahlhochrechnung sind erhebliche organisatorische Vorbereitungen zu treffen, die wir im einzelnen hier nicht darstellen können. Sie beziehen sich auf sorgfältiges Zusammenstellen einer Stichprobe (ca. 5 - 10% der Wahlberechtigten), die soziologisch ausgewogen ist. Außerdem sollten sich die Grenzen der Stimmbezirke nicht wesentlich gegenüber der vorigen Wahl gleicher Art verändert haben, keine wesentliche Neubautätigkeit stattgefunden haben und die einzelnen Stimmbezirke nicht zu groß sein. Die Hauptforderung an die Stichprobe ist, daß sie im Hinblick auf das das prozentuale Ergebnis aller Parteien ein verkleinertes Modell der vorigen Wahl darstellt. Ferner muß eine rasche und richtige Kommunikation von den ausgewählten Stimmbezirken zur Zentrale mit dem Rechner gewährleistet sein.
Ein Computerprogramm, für das sich die Öffentlichkeit interessiert, wird aufwendige "Ausgabekosmetik" enthalten, die wir hier ebenfalls nicht darstellen. Das gilt insbesondere für die Graphik. Wir bringen als Ausschnitt die Absicherung der Eingabe und die eigentliche Hochrechnung.
Dabei setzen wir für z.B. 4 Parteien voraus :
eine 'ROW 4 REAL VAR prozentneu gesamt' und eine 'Row 4 REAL CONST prozentalt gesamt', in deren Spalten das alte, bzw. neue prozentuale Gesamtergebnis steht.
Ferner arbeiten wir mit einer 'ROW anzahl wahllokale ROW 5 REAL VAR stimmen',in deren 1.Spalte die gültigen Stimmen im jeweiligen Wahllokal stehen, während die 2. bis 5. Spalte die (absoluten, nicht prozentualen) Stimmen der Parteien im Wahllokal aufnehmen.
Der eigentliche Trennvorgang erfolgt im Refinement 'zaehler des bruches incrementieren.

```
PROC prozentualverteilung :

  prozentneu gesamt := prozentalt gesamt ;
  gesamtgueltige stimmen zaehlen ;
  neues prozentualergebnis fuer parteien berechnen ;
  erfolgsmeldung .

  gesamtgueltige stimmen zaehlen :
    INT VAR i ;
    REAL VAR gesamtgueltige stimmen :: 0.0 ;
    FOR i FROM 1 UPTO anz wahllokale REP
      gesamtgueltige stimmen INCR stimmen [i] [1]
    END REP .
```

```
  neues prozentualergebnis fuer parteien berechnen :
    FOR i FROM 1 UPTO anz parteien REP
      wahllokale hochrechnen
    END REPEAT .

  wahllokale hochrechnen :
    REAL VAR zaehler := 0.0 ;
    INT VAR j ;
    FOR j FROM 1 UPTO anz wahllokale REP
      IF wahllokal schon eingegeben
        THEN zaehler des bruches incrementieren
      FI
    END REPEAT ;
    IF gesamtgueltige stimmen > 0.0
      THEN prozentneu gesamt [i] := prozentalt gesamt [i] +
                           zaehler/gesamtgueltige stimmen
    FI .

  wahllokal schon eingegeben :
    stimmen [j] [1] > 0.0 .

  zaehler des bruches incrementieren :
    zaehler INCR ((stimmen [j] [i + 1] * 100.0/
      stimmen [j] [1] - prozentalt [j] [i]) * stimmen [j] [1]).

  erfolgsmeldung :
    line (3) ;
    put ("Bei der Hochrechnung wurden") ;
    put (gesamtgueltige stimmen) ;
    put ("gueltige Stimmen beruecksichtigt.") ;
    line (3) .

END PROC prozentualverteilung ;
```

91. Sitzverteilung nach d'Hondt und nach Niemeyer.

Für die Sitzverteilung nach vorgegebenem Wahlergebnis und vorgegebener Sitzanzahl konkurrieren heute zwei Verfahren miteinander, für die entsprechende Prozeduren dargestellt werden. In beiden Fällen wird die sogenannte 5% – Klausel berücksichtigt.

```
PROC sitze nach d hondt :
  sitze loeschen ;
  sitze verteilen .

  sitze loeschen :
    INT VAR i ;
    FOR i FROM 1 UPTO anzparteien REP
      anz sitze [i] := 0
    ENDREP .

  sitze verteilen :
    INT VAR j, staerkste partei ;
    FOR i FROM 1 UPTO sitzanzahl REP
      staerkste partei := 1 ;
      suche staerkste partei ueber 5 prozent ;
      anz sitze [staerkste partei] INCR 1
    END REPEAT.

  suche staerkste partei ueber 5 prozent :
    FOR j FROM 2 UPTO anz parteien REP
      IF partei ueber fuenf prozent
        THEN IF neue partei > alte partei
               THEN staerkste partei := j
             FI
      FI
    ENDREP ;

  partei ueber fuenf prozent :
    prozent neu gesamt [j] >= 5.0 .

  neue partei :
    prozent neu gesamt [j]/real (anz sitze [j + 1]) .
```

```
  alte partei :
    prozent neu gesamt [staerkste partei]/
    real (anz sitze [staerkste partei] + 1 ) .
END PROC sitze nach d hondt ;

PROC sitze nach niemeyer :
  ROW max parteien REAL VAR prozent :: prozentneu gesamt ;
  fuenf prozentklausel einbeziehen ;
  sitze verteilen .

  fuenf prozentklausel einbeziehen :
    INT VAR i ;
    REAL VAR gueltige prozente :: 0.0 ;
    FOR i FROM 1 UPTO anz parteien REP
      IF prozent [i] < 5.0
        THEN prozent [i] := 0.0
      FI ;
      gueltige prozente INCR prozent [i]
    END REP .

  sitze verteilen :
    INT VAR j, vergebene sitze :: 0 ;
    FOR i FROM 1 UPTO anz parteien REP
      anz sitze [i] := int (neuer sitzanteil) ;
      vergebene sitze INCR anz sitze [i]
    END REP ;
    FOR j FROM 1 UPTO sitzanzahl - vergebene sitze REP
      anz sitze [partei mit groesstem bruch] INCR 1
    END REP .

  partei mit groesstem bruch :
    INT VAR partei :: 1 ;
    FOR i FROM 2 UPTO anz parteien REP
      IF neuer bruch groesser
        THEN partei := i
      FI
    END REP ;
    prozent [partei] := 0.0 ;
    partei .

  neuer bruch groesser :
    frac (neuer sitzanteil) > frac (bisheriger sitzanteil) .
```

```
    neuer sitzanteil :
      prozent [i]/gueltige prozente * real (sitzanzahl) .

    bisheriger sitzanteil :
      prozent [partei]/gueltige prozente * real (sitzanzahl)

  END PROC sitze nach niemeyer ;
```

92. Zahl der Tage im Monat.

Die CASE – Fallunterscheidung erlaubt auf besonders einfache Weise, die Zahl der Tage im Monat auszudrücken. Dabei werden alle Ausnahmefälle, die der gregorianische Kalender für Schaltjahre vorsieht, für die Zahl der Tage im Februar berücksichtigt.

```
INT PROC tage im monat (INT CONST monat, jahr) :
  SELECT monat OF
    CASE 2 : IF (jahr MOD 4 = 0 AND jahr MOD 100 <> 0)
                OR jahr MOD 400 = 0
               THEN 29
               ELSE 28
             FI
    CASE 4,6,9,11 : 30
    OTHERWISE 31
  END SELECT
END PROC tage im monat ;
```

93. Ewiger gregorianischer Kalender.

Die Bildschirmgröße erlaubt es gerade, einen vollständigen Jahreskalender in 3 Gruppen zu je 4 Monaten zu zeigen. Hier wird die sogenannte Zellerformel ausgenutzt, um den Wochentag des ersten Tages des betreffenden Jahres zu ermitteln. Außerdem wird die Prozedur des vorigen Beispiels erneut eingesetzt.

```
INT PROC tage im monat (INT CONST monat, jahr) :
  SELECT monat OF
    CASE 2 : IF (jahr MOD 4 = 0 AND jahr MOD 100 <> 0)
                OR jahr MOD 400 = 0
               THEN 29
               ELSE 28
             FI
    CASE 4, 6, 9, 11 : 30
    OTHERWISE 31
  END SELECT
END PROC tage im monat ;

INT PROC zeller (INT CONST tag, monat, jahr) :
  INT VAR m, i, a, c ;
  IF monat = 1
    THEN m := 11; i := jahr - 1
  ELIF monat = 2
    THEN m := 12;        i := jahr - 1
    ELSE m := monat - 2; i := jahr
  FI ;
  a := i MOD 100;
  c := i DIV 100;
  (int (2.6 * real (m) - 0.2) + tag + a + a DIV 4 +
     c DIV 4 - 2 * c + 6) MOD 7 + 1 .
END PROC zeller ;
```

```
PROC anfangszeile :

  INT VAR jahr, monat, i :: 1 ;
  get (jahr); get (monat) ;
  cursor (x pos, ypos) ;
  put (wochentag (zeller (1, monat, jahr))) ;
  WHILE i < tage im monat (monat, jahr) REP
    put (text (i, 2)) ;
    i INCR 7
  END REP .

  x pos :
    ((monat - 1) MOD 4) * 18 + 3 .

  y pos :
    (monat DIV 5) * 8 + zeller  (1, monat, jahr) .

END PROC anfangszeile ;

PROC put monat (INT CONST monat, jahr) :

  gib tage aus ;
  gib spalten aus .

  gib tage aus :
    INT VAR i ;
    FOR i FROM 1 UPTO 7 REP
      cursor (((monat - 1) MOD 4) * 19 + 2,
              ((monat - 1) DIV 4) * 8  + i) ;
      put (wochentag (i))
    ENDREP .

  gib spalten aus :
    INT VAR tage ;
    FOR tage FROM 1 UPTO tage im monat (monat, jahr) REP
      cursor (x pos, y pos) ;
      out (text (tage, 2))
    ENDREP .

  x pos : ((monat - 1) MOD 4) * 19 + 4 + ((tage + zeller
          (1, monat, jahr) - 2) DIV 7) * 3 .

  y pos : ((monat - 1) DIV 4) * 8 +
          zeller (tage, monat, jahr) .

END PROC put monat ;
```

```
TEXT PROC wochentag (INT CONST tag) :

  SELECT tag OF
    CASE 1 : "Mo"
    CASE 2 : "Di"
    CASE 3 : "Mi"
    CASE 4 : "Do"
    CASE 5 : "Fr"
    CASE 6 : "Sa"
    CASE 7 : "So"
    OTHERWISE "X"
  END SELECT

END PROC wochentag ;

PROC kalender (INT CONST jahr) :

  page ;
  INT VAR i ;
  FOR i FROM 1 UPTO 12 REP
    put monat (i, jahr)
  ENDREP

END PROC kalender ;

kalender (2000)
```

```
Mo     3 10 17 24 31Mo     7 14 21 28   Mo     6 13 20 27   Mo     3 10 17 24
Di     4 11 18 25   Di  1  8 15 22 29   Di     7 14 21 28   Di     4 11 18 25
Mi     5 12 19 26   Mi  2  9 16 23      Mi  1  8 15 22 29   Mi     5 12 19 26
Do     6 13 20 27   Do  3 10 17 24      Do  2  9 16 23 30   Do     6 13 20 27
Fr     7 14 21 28   Fr  4 11 18 25      Fr  3 10 17 24 31   Fr     7 14 21 28
Sa  1  8 15 22 29   Sa  5 12 19 26      Sa  4 11 18 25      Sa  1  8 15 22 29
So  2  9 16 23 30   So  6 13 20 27      So  5 12 19 26      So  2  9 16 23 30

Mo  1  8 15 22 29   Mo     5 12 19 26   Mo     3 10 17 24 31Mo     7 14 21 28
Di  2  9 16 23 30   Di     6 13 20 27   Di     4 11 18 25   Di  1  8 15 22 29
Mi  3 10 17 24 31   Mi     7 14 21 28   Mi     5 12 19 26   Mi  2  9 16 23 30
Do  4 11 18 25      Do  1  8 15 22 29   Do     6 13 20 27   Do  3 10 17 24 31
Fr  5 12 19 26      Fr  2  9 16 23 30   Fr     7 14 21 28   Fr  4 11 18 25
Sa  6 13 20 27      Sa  3 10 17 24      Sa  1  8 15 22 29   Sa  5 12 19 26
So  7 14 21 28      So  4 11 18 25      So  2  9 16 23 30   So  6 13 20 27

Mo     4 11 18 25   Mo     2  9 16 23 30Mo     6 13 20 27   Mo     4 11 18 25
Di     5 12 19 26   Di     3 10 17 24 31Di     7 14 21 28   Di     5 12 19 26
Mi     6 13 20 27   Mi     4 11 18 25   Mi  1  8 15 22 29   Mi     6 13 20 27
Do     7 14 21 28   Do     5 12 19 26   Do  2  9 16 23 30   Do     7 14 21 28
Fr  1  8 15 22 29   Fr     6 13 20 27   Fr  3 10 17 24      Fr  1  8 15 22 29
Sa  2  9 16 23 30   Sa     7 14 21 28   Sa  4 11 18 25      Sa  2  9 16 23 30
So  3 10 17 24      So  1  8 15 22 29   So  5 12 19 26      So  3 10 17 24 31
```

Abb.20: Kalender im Jahr 2000.

X. SONSTIGES.

94. Widerstandsberechnung.

In der Elektrotechnik kommen vielfach hintereinander oder parallel geschaltete Widerstände vor. Der Gesamtwiderstand kann auf einfache Weise berechnet werden:

Bei Serienschaltung gilt: R gesamt = R1 + R2

Bei Parallelschaltung gilt: R gesamt = R1 * R2 / (R1 + R2)

Es ist nun sehr lehrreich, ein kleines Paket "Widerstandsberechnung" zu konstruieren, welches Infix-Operatoren SER (für Serienschaltung) und PAR (für Parallelschaltung) enthält, die genau nach diesen beiden Formeln definiert sind. Dafür wird ein eigener abstrakter Datentyp WIDERSTAND eingeführt, der wegen der übersichtlicheren Schreibweise als STRUCT (INT ohm) deklariert wird. Kleine Prozeduren für Ein- und Ausgabe dieses Datentyps sowie für die Wertzuweisung ergänzen das Paket.
Nach Insertieren des Paketes werden beliebig geschachtelte zusammengesetzte Widerstandsschaltungen berechenbar, solange sie sich auf Serien- oder Parallelschaltungen zurückführen lassen.
Nach einem bekannten Grundgedanken der symbolischen Wechselstromrechnung lassen sich Wechselstromwiderstände (Kondensatoren und Induktivitäten) als komplexwertige Widerstände nach Ohmzahl und bewirkter Phasenverschiebung zwischen Spannung und Strom behandeln. Für ein entsprechendes Paket braucht im wesentlichen nur der Datentyp geändert werden:

```
TYPE  WECHSELSTROMWIDERSTAND = STRUCT (COMPLEX wert)
```

Wenn man dann vorher das Paket "COMPLEX" insertiert, werden auf dieselbe Weise auch zusammengesetzte Serien- und Parallelschaltungen von Kondensatoren, Spulen und bloßen Ohmschen Widerständen berechenbar.

```
PACKET widerstandsberechnung DEFINES WIDERSTAND, put, get,
                                     :=, SER, PAR :

  TYPE WIDERSTAND = STRUCT(INT ohm) ;

  WIDERSTAND OP SER (WIDERSTAND CONST r1, r2) :
    WIDERSTAND VAR r3 ;
    r3.ohm := r1.ohm + r2.ohm; r3
  END OP SER ;

  WIDERSTAND OP PAR (WIDERSTAND CONST r1, r2) :
    WIDERSTAND VAR r3 ;
    r3.ohm := r1.ohm * r2.ohm/ (r1.ohm + r2.ohm); r3
  END OP PAR ;

  OP := (WIDERSTAND VAR r1, WIDERSTAND CONST r2) :
    r1.ohm := r2.ohm
  END OP := ;

  PROC put (WIDERSTAND CONST r1) :
    line ;
    put ("Der Widerstand betraegt ") ;
    put (r1.ohm) ;
    put (" Ohm") ;
  END PROC put ;

  PROC get (WIDERSTAND VAR r1) :
    put ("Widerstand?") ;
    get (r1.ohm) ;
  END PROC get

END PACKET widerstandsberechnung ;
```

```
(* Hauptprogramm mit Benuetzung des Widerstandspacketes *)

      WIDERSTAND VAR r1, r2, r3, r ;
        put ("Gib die Widerstandswerte von r1, r2, r3  ein") ;
        line ;
        get (r1); get (r2); get (r3) ;
        r := (r1 PAR r2) SER r3 ;
        put (r)
```

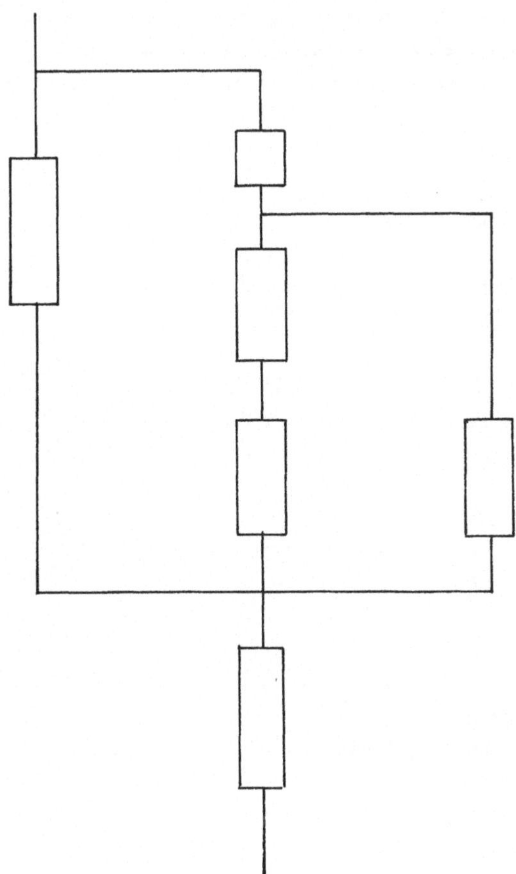

Abb.21: Beispiel für ein Widerstandsnetz.

95. Der vollständige Rösselsprung.

Das Pferd kann auf dem Schachbrett zwei Felder in einer Richtung und ein Feld in einer dazu senkrechten Richtung vorrücken.Wenn es damit auf einem bestimmten Feld beginnt, ergibt sich die Frage, ob durch eine Kette von Rösselsprüngen jedes Feld des Brettes besetzbar ist. Man kann das Problem verschärfen, indem man noch zusätzlich fordert, daß der letzte Sprung zum Ausgangsort zurückführt ("Geschlossener, vollständiger Rösselsprung").
Die Programmierung über die Prozedur "springe" geschieht nach einem backtracking-Algorithmus, den man im einzelnen verfolgen kann, weil auch die aktuellen Zugnummern (Zahl der versuchsweise schon besetzten Felder) ausgedruckt wird, so daß man die Rekursionstiefe überblickt.
Das Programm bezieht sich auf ein kleineres 5 x 5 - Brett.

Beispiel für einen Ergebnisausdruck:

Anfangsfeld: x-Koordinate = 1
y-Koordinate = 1

2 3 4 5 6 7 8 9 10 11 12 13 14 15 16 17 18 19 20 21 22 23
21 22 23 20 21 19 20 21 22 23 21 22 20 21 22 23 24 25

```
 1  20  17  12   3
16  11   2   7  18
21  24  19   4  13
10  15   6  23   8
25  22   9  14   5
```

```
LET kantenlaenge = 5 ;
definiere brett und spielzuege ;
mache das brett frei ;
erfrage startpunkt ;
springe (x anfang, y anfang, 2, erfolg) ;
IF erfolg
  THEN line(3) ;
       ausgabe des roesselsprungs
  ELSE put("keine Loesung gefunden")
FI .
```

```
definiere brett und spielzuege :
  ROW kantenlaenge ROW kantenlaenge INT VAR brett ;
  INT CONST anzahl der felder :: kantenlaenge*kantenlaenge ;
  ROW 8 INT CONST x abstand :: ROW 8 INT : (-2,-1,1,2,2,1,-1,-2),
                  y abstand :: ROW 8 INT : (1,2,2,1,-1,-2,-2,-1) .

erfrage startpunkt :
  INT VAR zeile, spalte, x anfang, y anfang ;
  BOOL VAR  erfolg ;
  put ("Anfangsposition x?"); get (x anfang) ;
  put ("Anfangsposition y?"); get (y anfang) ;
  brett [x anfang] [ y anfang] := 1 .

mache das brett frei :
  FOR zeile FROM 1 UPTO kantenlaenge REP
    FOR spalte FROM 1 UPTO kantenlaenge REP
      brett [zeile] [spalte] := 0
    ENDREP
  ENDREP .

ausgabe des roesselsprungs :
  FOR zeile FROM 1 UPTO kantenlaenge REP
    put("      ") ;
    FOR spalte FROM 1 UPTO kantenlaenge REP
      put (brett [zeile] [spalte])
    END REP ;
    line
  END REP .


 PROC springe (INT CONST x koordinate, y koordinate, zugnr,
              BOOL VAR weg gefunden) :
   INT VAR springerzug ;
   BOOL VAR suche erfolgreich ;
   FOR springerzug FROM 1 UPTO 8 REP
     suche erfolgreich := FALSE ;
     berechne neue springerposition ;
     IF zulaessige position
       THEN markiere feld als belegt ;
            versuche naechsten zug
     FI
   UNTIL suche erfolgreich ENDREP ;
   berichte ob weg gefunden .
```

```
berechne neue springerposition :
  INT VAR neue x koordinate := x koordinate
              + x abstand (springerzug),
          neue y koordinate := y koordinate
              + y abstand (springerzug) .

zulaessige position :
  IF springer auf brett
    THEN versuche ob feld frei ist
    ELSE FALSE
  FI .

springer auf brett :
  neue x koordinate >= 1 AND neue x koordinate
     <= kantenlaenge AND
  neue y koordinate >= 1 AND neue y koordinate
     <= kantenlaenge .

versuche ob feld frei ist :
  brett [neue x koordinate] [neue y koordinate] = 0 .

markiere feld als belegt :
  brett [neue x koordinate] [neue y koordinate] := zugnr ;
  put (zugnr) .

versuche naechsten zug :
  IF noch freie felder auf dem brett
    THEN springe (neue x koordinate, neue y koordinate, zugnr+1,
                  suche erfolgreich);
         pruefe ob sackgasse
    ELSE suche erfolgreich := TRUE
  FI .

noch freie felder auf dem brett :
  zugnr < anzahl der felder .

pruefe ob sackgasse :
  IF NOT suche erfolgreich
    THEN gebe markiertes feld wieder frei
  FI .
```

```
    gebe markiertes feld wieder frei :
      brett [neue x koordinate] [neue y koordinate] := 0 .

    berichte ob weg gefunden :
      weg gefunden := suche erfolgreich

END PROC springe
```

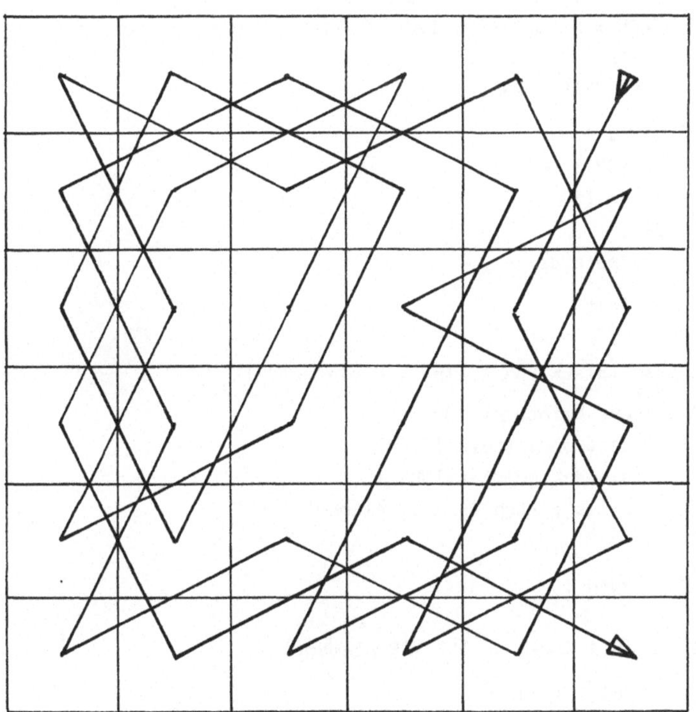

Abb.22: Beispiel für einen vollständigen Rösselsprung.

96. Struktur und Bearbeitung eines Stapels.

Im folgenden Paket wird man kleine Ähnlichkeiten mit dem Paket "Mengenlehre" bemerken. Jedoch ist die Struktur "Stapel" von größerer Einfachheit. Wir benützen die üblichen englischsprachigen Bezeichnungen.

```
PACKET stackhandling DEFINES STACK, init, push,
                             pop, top :
  TYPE STACK = STRUCT (ROW 100 INT liste, INT stack pointer) ;

  PROC init (STACK VAR s) :
    INT VAR i ;
    FOR i FROM 1 UPTO 100 REP
      s.liste [i] := 0
    ENDREP ;
    s.stack pointer := 0
  END PROC init ;

  PROC push (STACK VAR s, INT VAR element) :
    IF s.stack pointer = 100
      THEN errorstop ("overflow")
      ELSE s.stack pointer INCR 1 ;
           s.liste [top (s)] := element
    FI
  END PROC push ;

  PROC pop (STACK VAR s, INT VAR element) :
    IF s.stack pointer = 0
      THEN errorstop ("underflow")
      ELSE element := s.liste [top (s)] ;
           s.stack pointer DECR 1
    FI
  END PROC pop ;
```

```
    INT PROC top (STACK VAR s) :
      s.stack pointer
    END PROC top

  END PACKET stackhandling ;
```

Beispiel:

```
  STACK VAR s; INT VAR i, element ;
  init (s) ;
  FOR i FROM 1 UPTO 100 REP
    element := random (1, 100) ;
    push (s, element)
  ENDREP ;
  FOR i FROM 100 DOWNTO 50 REP
    pop (s, element) ;
    put (element)
  ENDREP ;
  line (2) ;
  put (top (s))
```

Es wird eine Zahlenfolge von 50 Zahlen ausgedruckt, der Stackpointer "top (s)" ergibt 49.

97. Wasserversorgung über ein Minimalgerüst.

Aus einer Trinkwassertalsperre sollen viele Dörfer mit Wasser versorgt werden. Das Gelände läßt zwar keinen vollständigen Graphen zu, in dem jedes Dorf mit jedem anderen verbunden ist, jedoch einen redundanten, in dem die meisten Dörfer über mehr als einen Weg mit Wasser versorgt werden können. Der Computer soll nun den kostengünstigsten Teilgraphen finden, einen Baum, der die Wasserversorgung jedes Dorfes über genau einen Weg sicherstellt. Dazu wird ein sogenanntes "gieriges" Verfahren eingeschlagen: Im ersten Schritt wird unter allen Leitungen, die von der zentralen Talsperre (Knoten 1) ausgehen, die kostengünstigste gewählt. Angenommen, sie führt zum Knoten 5. Dann wird im 2. Durchgang die kostengünstigste Kante gewählt, die von 1 oder von 5 ausgeht (und bei einem noch nicht gewähltem Knoten endet). Um zwischen erreichten und noch nicht erreichten Knoten zu unterscheiden, wird eine Färbetechnik vereinbart. Auf diese Weise kann nie ein geschlossener Weg entstehen und es werden bei jedem Einzelschritt die Gesamtkosten um den geringstmöglichen Betrag erhöht. Das Programm benützt das im Buch wiedergegebene Paket zur Mengenlehre.
Das Ergebnis wird in eine Reihung "rote kanten" eingetragen.

```
LET r = 29, s = 28 ;
gib die kanten ein ;
faerbe die ecke 1 rot und die uebrigen schwarz ;
INT VAR m ;
FOR m FROM 1 UPTO s REP
  bestimme die rotschwarzkanten und waehle die minimale ;
  faerbe diese kante und die schwarze ecke rot
ENDREP ;
gib die roten kanten aus .

gib die kanten ein :
  ROW r ROW r INT VAR kante ;
  ROW s ROW 3 INT VAR rote kanten ;
  loesche die kantenbewertungen ;
  belege bestimmte kanten ;
  transponiere die matrix .
```

```
transponiere die matrix :
  INT VAR i, j ;
  FOR i FROM 1 UPTO r REP
    FOR j FROM 1 UPTO i - 1 REP
      kante [j] [i] := kante [i] [j]
    END REP
  END REP .

loesche die kantenbewertungen :
  FOR i FROM 1 UPTO r REP
    FOR j FROM 1 UPTO r REP
      kante [i] [j] := 0 ;
    ENDREP
  END REP .

belege bestimmte kanten :
  kante [2] [1]:=19; kante [3] [2]:=18; kante [4] [2]:=22;
  kante [4] [3]:=19; kante [5] [1]:=21; kante [5] [2]:=11;
  kante [5] [3]:=26; kante [5] [4]:=31; kante [6] [3]:=49;
  kante [6] [4]:=51; kante [7] [1]:=78; kante [7] [3]:=59;
  kante [7] [5]:=61; kante [8] [1]:=32; kante [8] [3]:=39;
  kante [8] [7]:=39; kante [9] [8]:=57; kante[10] [7]:=54;
  kante[10] [8]:=79; kante[10] [9]:=38; kante[11] [8]:=43;
  kante[11] [9]:=13; kante[12] [8]:=33; kante[12] [9]:=49;
  kante[12][11]:=18; kante[13] [1]:=24; kante[13] [8]:=19;
  kante[13] [9]:=55; kante[13][12]:=44; kante[14][13]:=48;
  kante[15][13]:=39; kante[15][14]:=29; kante[16] [1]:=26;
  kante[16][13]:=32; kante[16][15]:=25; kante[17] [1]:=13;
  kante[17][13]:=43; kante[17][16]:= 9; kante[18][15]:=18;
  kante[19][18]:=25; kante[20][18]:=59; kante[20][19]:=27;
  kante[21][16]:=58; kante[21][18]:=41; kante[21][19]:=19;
  kante[21][20]:=34; kante[22][15]:=44; kante[22][16]:=32;
  kante[22][17]:=24; kante[22][18]:=21; kante[22][21]:=19;
  kante[23] [1]:=31; kante[23][15]:=60; kante[23][17]:=16;
  kante[23][22]:=32; kante[24] [1]:=24; kante[24][23]:=17;
  kante[25] [1]:=12; kante[25][24]:= 6; kante[26][24]:=43;
  kante[26][25]:=38; kante[27][24]:=75; kante[27][25]:=62;
  kante[27][26]:=28; kante[28] [1]:=24; kante[28][25]:=51;
  kante[28][26]:=47; kante[29] [1]:=31; kante[29] [2]:=31;
  kante[29] [4]:=39; kante[29][28]:=32.
```

```
faerbe die ecke 1 rot und die uebrigen schwarz :
  MENGE VAR rote ecken, schwarze ecken ;
  init (rote ecken); init (schwarze ecken) ;
  rote ecken := rote ecken MIT 1 ;
  FOR i FROM 2 UPTO r REP
    schwarze ecken := schwarze ecken MIT i
  END REP .

bestimme die rotschwarzkanten und waehle die minimale :
  INT VAR minwert := 1000, k, l ;
  FOR i FROM 1 UPTO MAECHTIGKEIT rote ecken REP
    FOR j FROM 1 UPTO MAECHTIGKEIT schwarze ecken REP
      k := i ELEMENT rote ecken ;
      l := j ELEMENT schwarze ecken ;
      IF kante [k] [l] <> 0 THEN vergleiche FI
    ENDREP
  ENDREP .

vergleiche :
  IF kante [k] [l] < minwert
    THEN INT VAR minanf  := k,
                 minende := l ;
         minwert := kante [k] [l]
  FI .

faerbe diese kante und die schwarze ecke rot :
  rote kanten [m] [1] := minanf ;
  rote kanten [m] [2] := minende ;
  rote kanten [m] [3] := minwert ;
  rote     ecken := rote     ecken MIT  minende ;
  schwarze ecken := schwarze ecken OHNE minende .

gib die roten kanten aus :
  INT VAR t ;
  line; put ("Die Minimalverbindungen sind :"); line (2) ;
  FOR i FROM 1 UPTO s REP
    outline ;
    IF i MOD 5 = 0 THEN line FI ;
  ENDREP .
```

```
outline :
  out ("("); out (text (rote kanten [i] [1], 2)) ;
  out (",") ;
  out (text (rote kanten [i] [2], 2)); out (",") ;
  out (text (rote kanten [i] [3], 2)); out (")")
```

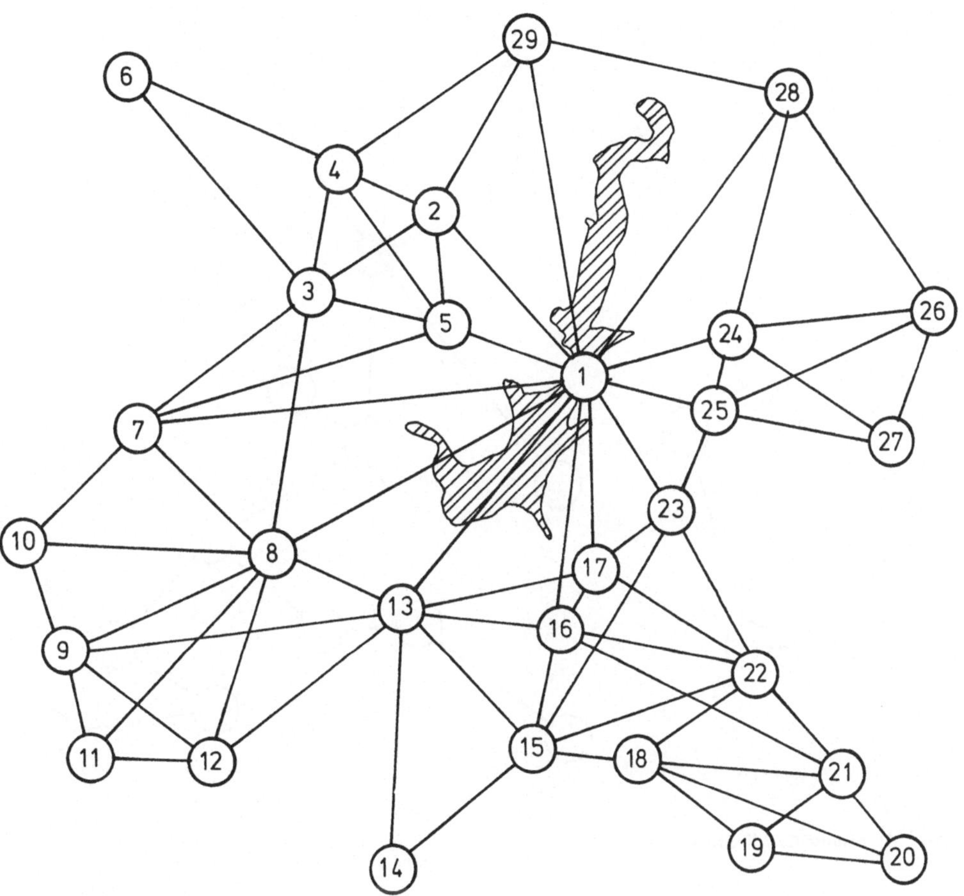

Abb.23: Redundanter Graph für die Wasserversorgung.

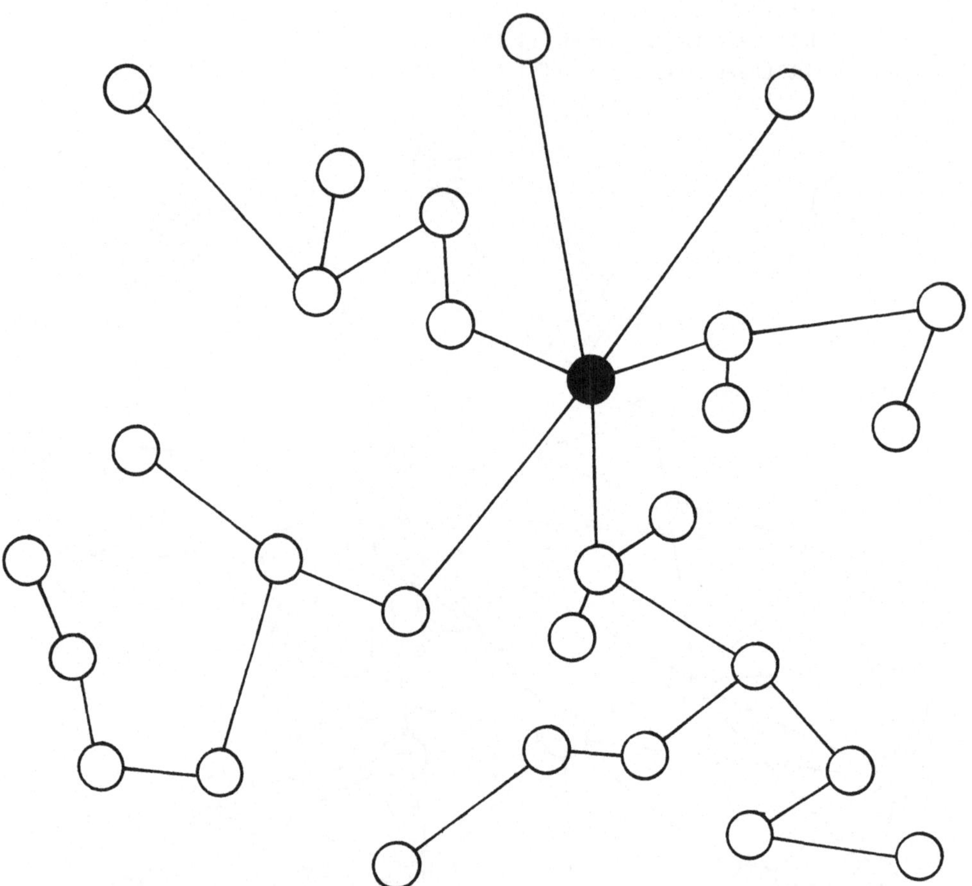

Abb.24: Ermitteltes Minimalgerüst.

98. Das Rucksackproblem.

Ein Rucksack kann ein bestimmtes Maximalgewicht tragen. Es können verschiedene Objekte mitgenommen werden, die Gewicht und Wert besitzen. Diese Objekte können außerdem in beliebigem Verhältnis geteilt werden. Wie soll die Auswahl getroffen werden, damit ein möglichst wertvoller Rucksackinhalt entsteht?
Es hat hier keinen Zweck, nach dem (absoluten, d.h. nicht auf die Gewichtseinheit bezogenen) Wert zu schielen; ebensowenig hilft es, mit der Restkapazität des Rucksacks zu geizen. Ein gieriger Algorithmus ist angebracht, aber er muß sich nach dem Wert/ Gewichtsverhältnis richten. Wenn dagegen nur das ganze Objekt mitgenommen werden kann oder nicht (sogenannter 0 – 1 – Rucksack), kann Restkapazität offen bleiben, so daß ein gieriger Algorithmus nicht unbedingt zum Optimum führen muß.

```
PACKET rucksack DEFINES VEKTOR, main :
  TYPE VEKTOR = STRUCT (REAL gewicht, wert, verhaeltnis) ;

  PROC main :

    page ;
    stelle tabelle auf ;
    berechne preisgewichtsverhaeltnis ;
    sortiere tabelle nach preisgewichtsverhaeltnis neu ;
    drucke sortierte tabelle aus ;
    fuehre gierigen algorithmus durch und gib bruchteile aus .

    stelle tabelle auf :
      LET n = 3 ;
      ROW n VEKTOR VAR liste ;
      INT VAR i ;
      REAL VAR rest gew, akt gew :: 0.0 ;
      put("      Maximalgewicht ?"); get(rest gew); line ;
      FOR i FROM 1 UPTO n REP
        out (6 * (""2"")) ;
        put (i); put (".) Gewicht ?") ;
        get (liste [i].gewicht) ;
        out (""3""); out (40 * (""2"")) ;
        put ("Wert ?"); get (liste [i].wert)
      ENDREP ;
      line .
```

```
berechne preisgewichtsverhaeltnis :
  FOR i FROM 1 UPTO n REP
    liste [i].verhaeltnis := liste [i].wert/
                             liste [i].gewicht ;
  ENDREP .

sortiere tabelle nach preisgewichtsverhaeltnis neu :
  BOOL VAR korrektur ;
  REP korrektur := FALSE ;
    FOR i FROM 1 UPTO n - 1 REP
      IF liste [i].verhaeltnis < liste [i + 1].verhaeltnis
        THEN tausche
      FI
    ENDREP ;
  UNTIL NOT korrektur ENDREP .

tausche :
  VECTOR  VAR hilf ;
  hilf        := liste [i + 1] ;
  liste [i+1] := liste [i] ;
  liste [i]   := hilf ;
  korrektur   := TRUE .

drucke sortierte tabelle aus :
  line ;
  FOR i FROM 1 UPTO n REP
    out (6 * (""2"")) ;
    put (i); put (".)"); put ("Gewicht :") ;
    put (liste [i].gewicht) ;
    out (""13""); out (36 * (""2"")) ;
    put ("Wert :"); put (liste [i].wert) ;
    out (""13""); out (56 * (""2"")) ;
    put ("Quotient :"); put( liste [i].verhaeltnis) ;
    line
  ENDREP ;
  line (2) .
```

```
    fuehre gierigen algorithmus durch und gib bruchteile aus :
      i := 1; REAL VAR wert :: 0.0 ;
      WHILE rest gew <> 0.0 REP
        IF liste [i].gewicht > rest gew
          THEN nehme bruchteil und steige aus
          ELSE drucke iten stoff aus
               und berechne verbleibenden platz
        FI ;
        i INCR 1
      ENDREP ;
      out (5 * (""2"")); out (55 * ("-")); line ;
      put("      Gesamtwert :"); put (wert) ;
      out(""13""); out (40 * (""2"")) ;
      put("Gesamtgewicht :"); put (akt gew); line .

    nehme bruchteil und steige aus :
      REAL VAR bruchteil :: rest gew/liste [i].gewicht ;
      out (6 * (""2"")); rest gew := 0.0 ;
      put (i); put(".)"); put(bruchteil) ;
      put ("*"); put( liste [i].wert); put("=") ;
      put (bruchteil * liste [i].wert) ;
      out (""13""); out (40 * (""2"")) ;
      put ("Gewicht :") ;
      put (bruchteil * liste [i].gewicht); line ;
      wert INCR bruchteil * liste [i].wert ;
      akt gew INCR bruchteil * liste [i].gewicht .

    drucke iten stoff aus und berechne verbleibenden platz :
      out (6 * (""2"")) ;
      put (i); put (".)"); put("1. *") ;
      put (liste [i].wert) ;
      out (""13""); out (40 * (""2"")) ;
      put ("Gewicht :"); put (liste [i].gewicht); line ;
      rest gew DECR liste [i].gewicht ;
      wert INCR liste [i].wert ;
      akt gew INCR liste [i].gewicht .

  END PROC main

END PACKET rucksack ;
```

99. Das 8 - Damen - Problem.

Es wird gefordert, die 8 Königinnen so auf einem Schachbrett aufzustellen, daß keine die andere schlagen kann; das bedeutet, daß in waagerechter, senkrechter und diagonaler Richtung keine weitere Dame stehen darf.
Das anschließende Programm löst das Problem in typisch rekursiver Weise. Da der volle Baum abgesucht wird, werden alle Lösungen ausgegeben. Zusätzlich wird in einfacher Graphik das Schachbrett auf dem Bildschirm gezeichnet, so daß man die Rekursionstiefe während der Laufzeit gut verfolgen kann.

```
LET n = 8,
    y verschiebung = 4,
    x verschiebung = 12 ;
ROW n INT VAR damen ;
INT VAR z, y, loesungen :: 0 ;
line ;
setze damen auf anfangsposition ;
gib feld aus ;
probiere (1) .

gib feld aus :
  page ;
  line (y verschiebung) ;
  FOR z FROM 1 UPTO n REP
    anfang der zeile ;
    out (n * "+---") ;
    out ("+"); line ;
    anfang der zeile ;
    out (n * "l   ") ;
    out ("l"); line ;
  ENDREP ;
  anfang der zeile ;
  out (n * "+---") ;
  out ("+") .

anfang der zeile :
  out (x verschiebung * " ") .
```

```
setze damen auf anfangsposition :
  FOR z FROM 1 UPTO n REP
    damen [z] := 0
  ENDREP .

PROC probiere (INT CONST dame) :

  IF dame > n
    THEN loesungen INCR 1 ;
         blinke (text (loesungen) + ".Loesung") ;
         LEAVE probiere
  FI ;
  INT VAR i, j ;
  FOR i FROM 1 UPTO max x REP
    ausgeben ;
    IF dame steht gut
      THEN setze dame ;
           probiere (naechste dame)
    FI ;
    loesche dame
  ENDREP .

  ausgeben :
    cursor (x verschiebung + i * 4 - 1,
            y verschiebung + dame * 2) ;
    out ("D") .

  loesche dame :
    cursor (x verschiebung + i * 4 - 1,
            y verschiebung + dame * 2) ;
    out (" ") .

  dame steht gut :
    FOR j FROM 1 UPTO dame - 1 REP
      IF in senkrechter richtung mit anderer dame OR
         in diagonaler  richtung mit anderer dame
        THEN LEAVE dame steht gut WITH FALSE
      FI
    ENDREP ;
    TRUE .

  naechste dame : dame + 1 .

  setze dame : damen [dame] := i .
```

```
    in senkrechter richtung mit anderer dame : damen [j] = i .

    in diagonaler richtung mit anderer dame :
      ABS (damen [j] - i) = ABS (dame  - j) .

  END PROC probiere ;

  PROC blinke (TEXT CONST text ) :

    INT CONST x cur :: x verschiebung + max x * 2
                       - LENGTH text DIV 2,
              y cur :: y verschiebung + max y * 2 + 2 ;
    INT VAR d ;
    FOR d FROM 1 UPTO 4 REP
      cursor (x cur, y cur) ;
      out (text) ;
      warten ;
      cursor (x cur, y cur) ;
      out (LENGTH text * " ");
      pause(40) UNTIL incharety <> "" ENDREP .

  END PROC blinke ;
```

Ein verwandtes Problem entsteht, wenn man 16 Damen auf dem Schachbrett so positionieren soll, daß in waagerechter, senkrechter und diagonaler Richtung jeweils nicht mehr als zwei Damen stehen.

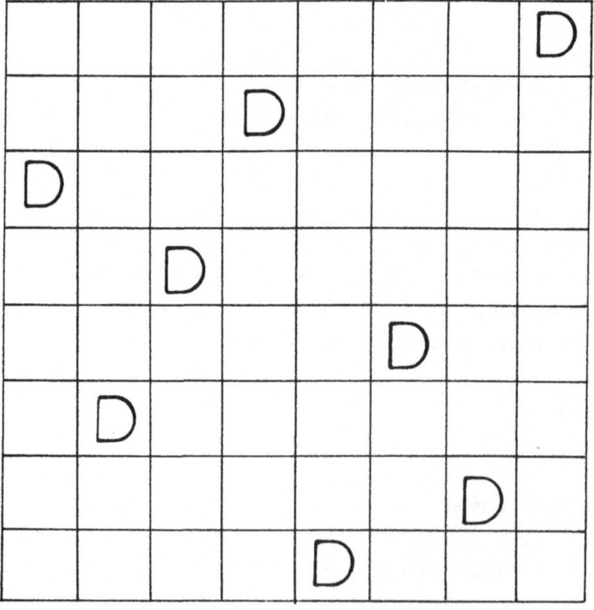

Abb.25: Eine Lösung des 8 - Damen - Problems.

100. Zum Abschluß ein lustiges Beamtenmodell.

Hier simulieren wir den Stellenkegel einer Beamtenschaft in einer fiktiven Behörde. Er wird anfangs mit Beamten besetzt, deren Fähigkeiten zufällig verteilt sind. Wenn durch Pensionierung eine Stelle frei wird, wird der fähigste Beamte der nächstunteren Gehaltsgruppe gesucht und befördert. Bei diesem Vorgang reduziert sich jedoch seine Fähigkeit, die immer relativ zum Aufgabenkreis gesehen wird (Peter - Prinzip). So nimmt die allgemeine Unfähigkeit insbesondere in den oberen Etagen allmählich zu. Wenn in einer Gehaltsgruppe alle unfähig geworden sind, müssen neue Beamte zusätzlich eingestellt werden (Parkinson - Gesetz).

```
page ;
LET BEAMTER = STRUCT (TEXT name, INT alter, faehigkeit),
    zeilenzahl  = 7, spaltenzahl = 15 ;
baue kegel auf ;
besetze kegel ;
schreibe bildunterschrift .
REP
  altere pyramide ;
  befoerdere ;
  stelle ggf neu ein
ENDREP .

baue kegel auf :
  ROW zeilenzahl ROW spaltenzahl BEAMTER VAR kegel ;
  INT VAR zeile, spalte, pausenlaenge :: 5 ;
  FOR zeile FROM 1 UPTO zeilenzahl REP
    FOR spalte FROM 1 UPTO spaltenzahl REP
      kegel [zeile] [spalte].name := "freie stelle"
    ENDREP ;
  ENDREP .

schreibe bildunterschrift :
  cursor (28, 23); out ("BEAMTEN PYRAMIDE") .
```

```
besetze kegel :
  FOR zeile FROM 1 UPTO zeilenzahl REP
    FOR spalte FROM (spaltenzahl + 3) DIV 2 - zeile
                    UPTO spaltenzahl DIV 2 + zeile REP
      stelle neuen beamten ein
    ENDREP
  ENDREP .

stelle neuen beamten ein :
  kegel [zeile] [spalte].name        := namenskuerzel ;
  kegel [zeile] [spalte].alter       := random (25, 50);
  kegel [zeile] [spalte].faehigkeit := random (1, zeilenzahl);

  put beamten (kegel [zeile] [spalte].name, spalte, zeile).

namenskuerzel :
  code (random (65, 90)) + code (random (65, 90)).

altere pyramide :
  FOR zeile FROM 1 UPTO zeilenzahl REP
    FOR spalte FROM 1 UPTO spaltenzahl REP
      altere und pensioniere ggf
    ENDREP
  ENDREP .

altere und pensioniere ggf :
  IF kegel [zeile] [spalte].name <> "freie stelle"
    THEN kegel [zeile] [spalte].alter INCR 5 ;
         IF kegel [zeile] [spalte].alter >= 65
           THEN kegel [zeile] [spalte].name := "befoerdere" ;
                put beamten("++", spalte, zeile)
         FI
  FI .

befoerdere :
  FOR zeile FROM 1 UPTO zeilenzahl REP
    FOR spalte FROM 1 UPTO spaltenzahl REP
      IF kegel [zeile] [spalte].name = "befoerdere"
        THEN suche faehigsten beamten
      FI
    ENDREP
  ENDREP .
```

```
suche faehigsten beamten :
  INT VAR i, hoechste befaehigung :: 2, faehigster :: 0 ;
  IF zeile = zeilenzahl
    THEN stelle beamten ein
    ELSE FOR i FROM 1 UPTO spaltenzahl REP
           IF kegel [zeile + 1] [i].name <> "freie stelle" CAND
              kegel [zeile + 1] [i].name <> "befoerdere" CAND
              kegel [zeile + 1] [i].faehigkeit >
                                  hoechste befaehigung
             THEN hoechste befaehigung :=
                        kegel [zeile + 1] [i].faehigkeit ;
                  faehigster := i
           FI
         ENDREP ;
         IF faehigster = 0
           THEN stelle neuen beamten ein
           ELSE befoerdere nach dem peter prinzip
         FI
  FI .

befoerdere nach dem peter prinzip :
  kegel [zeile] [spalte].name := kegel [zeile+1] (faehigster).name ;
  kegel [zeile] [spalte].alter:= kegel [zeile+1] [faehigster].alter ;
  kegel [zeile] [spalte].faehigkeit :=
              kegel [zeile + 1] [faehigster].faehigkeit - 3 ;
  kegel [zeile + 1] [faehigster].name := "befoerdere";
  zeige befoerderung .

zeige befoerderung :
  INT VAR j ;
  FOR j FROM 1 UPTO 3 REP
    put beamten (kegel [zeile] [spalte].name,
    faehigster, zeile + 1) ;
    put beamten ("..", faehigster, zeile + 1)
  ENDREP ;
  FOR j FROM 1 UPTO 3 REP
    put beamten ("  ", spalte, zeile) ;
    put beamten (kegel [zeile] [spalte].name, spalte, zeile)
  ENDREP .
```

```
stelle ggf neu ein :
  BOOL VAR alle dumm ;
  FOR zeile FROM 1 UPTO zeilenzahl REP
    alle dumm := TRUE ;
    FOR spalte FROM 1 UPTO spaltenzahl
      WHILE alle dumm REP
        IF kegel [zeile] [spalte].name <> "freie stelle" CAND
           kegel [zeile] [spalte].faehigkeit > 2
          THEN alle dumm := FALSE
        FI
    ENDREP ;
    IF alle dumm
      THEN stelle zwei beamte zusaetzlich ein
    FI
  ENDREP .

stelle zwei beamte zusaetzlich ein :
  FOR i FROM (spaltenzahl + 1) DIV 2 UPTO spaltenzahl REP
  UNTIL kegel [zeile] [i].name = "freie stelle" ENDREP ;
  IF i < spaltenzahl CAND kegel [zeile] [i].name = "freie stelle"
    THEN spalte := i ;
         stelle neuen beamten ein ;
         spalte := spaltenzahl + 1 - i ;
         stelle neuen beamten ein
  FI .

PROC put beamten (TEXT CONST t, INT CONST x, y) :

  TEXT VAR char ;
  cursor (x * 5 - 4, y * 2) ;
  IF kegel [y] [x].faehigkeit <= 2
    THEN out(""14""+ t + " "15"") ;       (* inversmarkierung *)
    ELSE out(" "   + t + "  ")
  FI ;
  char := incharety (pausenlaenge) ;
  IF   char = "+" THEN pausenlaenge INCR 1
  ELIF char = "-" CAND pausenlaenge > 0
    THEN pausenlaenge DECR 1
  ELIF char = ""27""
    THEN stop
  FI

END PROC put beamten ;
```

XI. Anhang.

Überblick über den Aufbau der Sprache ELAN.

1. Elementare Datentypen.

In ELAN gibt es vier einfache Datentypen:

a) 'INT' bezeichnet eine Teilmenge der ganzen Zahlen
b) 'REAL' bezeichnet eine Teilmenge der rationalen Zahlen
c) 'BOOL' bezeichnet Wahrheitswerte
d) 'TEXT' bezeichnet sowohl einzelne Zeichen wie Zeichenfolgen

Diese Datentypen besitzen einen vorgegebenen Wertevorrat, der hardwareabhängig ist. Auf vielen Geräten gilt:

maxint = 32767	(Für größere Zahlen gibt es ein Standardpaket LONGINT)
maxreal = 9.999999e126	(Bildschirmdarstellung 7 Ziffern, interne Darstellung 13 Ziffern)
max text length = 32 000	

Die Notation eines Wertes im Programm heißt Denoter, z.B. ist

123	ein INT - Denoter,
1.23	ein REAL - Denoter,
"hallo"	ein TEXT - Denoter .

'INT' und 'REAL' werden durch den Dezimalpunkt unterschieden. 3 ist INT, 3.0 ist REAL. Führende Nullen werden überlesen. Wie auf Taschenrechnern üblich, gibt es die sog. wissenschaftliche Schreibweise 3.145e10 bzw. 3.145e - 10 . BOOL - Denoter sind TRUE und FALSE, TEXT - Denoter werden in Hochkommata geschrieben. In einem Text erscheinende Anführungsstriche werden verdoppelt.

Jedes Datenobjekt besitzt ein Zugriffsrecht.
'CONST' besagt, daß der Wert des Datenobjekts nur gelesen werden darf.
'VAR' besagt, daß der Wert zusätzlich auch verändert werden kann. Datenobjekt und Zugriffsrecht werden zusammen mit dem Namen (Bezeichner) des Datenobjekts bei der Deklaration angegeben. Dabei muß das erste Zeichen des Namens immer ein kleiner

Buchstabe sein. Als folgende Zeichen sind Kleinbuchstaben und Ziffern zugelassen. Leerstellen im Namen werden überlesen:

```
TEXT VAR satz; BOOL VAR noch nicht gefunden;
INT CONST ergebnis :: summand + summand;
REAL CONST epsilon :: 0.1e-10
```

CONST - Objekte müssen zugleich mit der Deklaration durch :: initialisiert werden, weil eine spätere Zuweisung wegen des Schreibschutzes nicht mehr möglich ist.
VAR - Objekte können genauso initialisiert werden. Die Initialisierung hat dieselbe Semantik wie die Zuweisung (:=). Deklarationen gleicher Datentypen mit gleichem Zugriffsrecht können verkürzt wiedergegeben werden:

```
INT VAR tag, monat, jahr
```

Deklarationen können an jeder Stelle des Programms erfolgen.

2. Operatoren für einfache Datentypen:

Operatoren dienen dazu, Datenobjekte miteinander zu Ausdrücken zu verknüpfen. Es wird zwischen monadischen und dyadischen Operatoren unterschieden; die ersteren arbeiten mit e i n e m Operanden (-3, ABS -4, LENGTH text), die letzteren mit 2 Operanden (3 + 4, text SUB 1). Operatoren mit dem gleichen Bezeichner können für unterschiedliche Datentypen gelten und Gleiches oder Unterschiedliches bewirken:

3 + 4 3.0 + 4.0 Der Operator ' + ' liefert 7 bzw. 7.0,

semantisch also in beiden Fällen eine Addition. Demgegenüber liefert

"a" + "b" die Verkettung "ab".

Die Operanden können von unterschiedlichem Datentyp sein, ebenso muß das Ergebnis nicht mit dem Datentyp der Operanden übereinstimmen. Das Ergebnis besitzt immer das Zugriffsrecht CONST.

In einem ELAN - System stehen zur Verfügung:

a) Datentyp INT :

```
:=   ............ ( INT VAR ziel, INT CONST quelle)
+    ............ ( INT CONST links, rechts) ---> INT
-    ............ ( INT CONST links, rechts) ---> INT
*    ............ ( INT CONST links, rechts) ---> INT
DIV  ............ ( INT CONST links, rechts) ---> INT
MOD  ............ ( INT CONST links, rechts) ---> INT
-    ............ ( INT CONST zahl) ---> INT
```

```
=     ............ ( INT CONST links, rechts) ---> BOOL
<>    ............ ( INT CONST links, rechts) ---> BOOL
<     ............ ( INT CONST links, rechts) ---> BOOL
<=    ............ ( INT CONST links, rechts) ---> BOOL
>     ............ ( INT CONST links, rechts) ---> BOOL
>=    ............ ( INT CONST links, rechts) ---> BOOL
INCR  ............ ( INT VAR ziel, INT CONST delta)
DECR  ............ ( INT VAR ziel, INT CONST delta)
SIGN  ............ ( INT CONST zahl) ---> INT
ABS   ............ ( INT CONST zahl) ---> INT
**    ............ ( INT CONST basis, exponent) ---> INT
```

mit den aus der Mathematik bekannten Bedeutungen. 'DIV' bewirkt eine Ganzzahldivision, 'INCR' und 'DECR' Werterhöhungen bzw. Wertverminderungen, '**' das Potenzieren.

b) Datentyp REAL:

Es gelten dieselben Operatoren (mit Ausnahme von DIV) mit entsprechend veränderten Typen der Operanden und des Ergebnisses, sowie

```
/     ............ ( REAL CONST zaehler, nenner ) ---> REAL
**    ............ ( REAL CONST basis, INT CONST exponent)
                     ---> REAL
```

c) Datentyp BOOL:

```
:=    ............ ( BOOL VAR ziel, BOOL CONST quelle)
NOT   ............ ( BOOL CONST operand) ---> BOOL
AND   ............ ( BOOL CONST links, rechts) ---> BOOL
OR    ............ ( BOOL CONST links, rechts) ---> BOOL
CAND  ............ ( BOOL CONST links, rechts) ---> BOOL
COR   ............ ( BOOL CONST links, rechts) ---> BOOL
XOR   ............ ( BOOL CONST links, rechts) ---> BOOL
```

mit den aus der Booleschen Algebra bekannten Bedeutungen, wobei 'XOR' das "entweder - oder" bedeutet und 'CAND' bzw. 'COR' dasselbe ausführen wie 'AND' und 'OR' mit dem Unterschied, daß der 2. Operand nicht mehr ausgewertet wird, wenn der erste bereits eindeutig das Ergebnis festlegt.

d) Datentyp TEXT:

```
:=    ............. ( TEXT VAR ziel, TEXT CONST quelle)
=     ............. ( TEXT CONST links, rechts) ---> BOOL
<>    ............. ( TEXT CONST links, rechts) ---> BOOL
<     ............. ( TEXT CONST links, rechts) ---> BOOL
<=    ............. ( TEXT CONST links, rechts) ---> BOOL
```

```
>     ............. ( TEXT CONST links, rechts) ---> BOOL
>=    ............. ( TEXT CONST links, rechts) ---> BOOL
SUB   ............. ( TEXT CONST text, INT CONST pos) ---> TEXT
CAT   ............. ( TEXT VAR rechts, TEXT CONST links)
+     ............. ( TEXT CONST links, rechts) ---> TEXT
*     ............. ( INT CONST mal, TEXT CONST qüelle) ---> TEXT
LENGTH .......... ( TEXT CONST text ) ---> INT
```

wobei die BOOLschen Operatoren eine lexikographische Ordnung definieren, 'SUB' das Zeichen an der Textstelle liefert, die pos angibt, ' + ' Texte verkettet und '*' Texte vervielfacht. 'CAT' entspricht dem 'INCR'.

Zusammengesetzte Ausdrücke ("Formeln") werden in bestimmten Reihenfolgen abgearbeitet, welche durch eine 9 - stufige Prioritätenliste gegeben werden:

```
9 ............ alle monadischen Operatoren
8 ............ **
7 ............ *, /, DIV, MOD
6 ............ +, -
5 ............ =, <>, <, >, <=, >=
4 ............ AND, CAND
3 ............ OR, COR, XOR
2 ............ alle übrigen dyadischen Operatoren
1 ............ :=
```

Die Tabelle enthält die bekannte "Punkt vor Strich" - Regel der Arithmetik. Operatoren gleicher Priorität werden von links nach rechts verarbeitet. Klammern können die Reihenfolge verändern.
Bei der Zuweisung a := b wird zuerst der Wert von b (ggf. eine Formel) berechnet, dann der Wert von a durch den Wert von b überschrieben.

3. Standardprozeduren.

Im folgenden kann für den Anfänger nur eine Auswahl der Standardprozeduren gegeben werden, welche häufiger vorkommen.

3.1. Ein/Ausgabeprozeduren.

```
put ............ (TEXT CONST text)
out ............ (TEXT CONST text)
putline ........ (TEXT CONST text)
line ...........
line ........... (INT CONST n)
page ...........
get ............ (TEXT VAR wort)
get ............ (TEXT VAR wort, TEXT CONST seperatorzeichen)
```

```
get ........... (TEXT VAR wort, INT CONST laenge)
getline ....... (TEXT VAR zeile)
put ........... (INT CONST zahl)
get ........... (INT VAR zahl)
put ........... (REL CONST zahl)
get ........... (REAL VAR zahl)
inchar ........ (TEXT VAR zeichen)
incharety ..... ---> TEXT
incharety ..... (pause) ---> TEXT
print ......... (TEXT CONST dateiname)
sysout ........ (TEXT CONST dateiname)
sysout ........ ("")
```

Für die einfachen Datentypen 'INT', 'REAL' und 'TEXT' gibt es die Eingabeprozedur 'get' und die Ausgabeprozedur 'put'. Bei 'get' wird die Eingabe durch die Leertaste oder 'CR' abgeschlossen. 'getline' liest eine ganze Zeile. Bei Eingabe vom Terminal wird sie durch die Taste 'CR' abgeschlossen. 'put' fügt bei der Ausgabe ein 'blank' hinzu, so daß

```
put ("Resultat"); put ("122"); put ("4711")
```

als Ausgabe

```
Resultat 122 4711
```

liefert. 'out' gibt den Ausdruck ohne 'blanks' aus. 'putline' gibt eine ganze Zeile aus. 'line' schaltet in die nächste Zeile weiter und 'line (anzahl)' macht dies so oft, wie 'anzahl' angibt.
Die Prozedur 'inchar (TEXT VAR zeichen)' erlaubt die Eingabe eines einzelnen Zeichens ohne daß dieses auf dem Bildschirm als Echo des Tastendrucks dargestellt wird. Die parameterfreie TEXT-Prozedur 'incharety' versucht, ein Zeichen vom Bildschirm zu lesen. Wurde kein Zeichen eingegeben, wird niltext geliefert. 'incharety (pause)' wartet soviel Zehntelsekunden auf die Eingabe, wie 'pause' angibt.
Zweiparametrige put- oder get-Prozeduren, deren erster Parameter der Bezeichner einer FILE-Variablen ist, werden später aufgeführt. 'get (TEXT VAR text, INT CONST laenge)' liest einen Text bestimmter Länge ein, 'get (TEXT VAR text, TEXT CONST separator)' liest einen Text bis zu einem bestimmten Zeichen ein.

Mit einem 'print'-Befehl wird i.a. das Ausdrucken einer Datei veranlaßt. 'sysout (TEXT CONST dateiname)' lenkt die Ausgabe auf die angegebene Datei, 'sysout ("")' lenkt sie zurück auf den Bildschirm.

3.2. Konversionsprozeduren.

```
text ......... (INT CONST zahl) ---> TEXT
text ......... (INT CONST zahl, laenge) ---> TEXT
text ......... (REAL CONST zahl) ---> TEXT
```

```
text ......... (REAL CONST zahl, INT CONST laenge, nachkommastellen) --->
                                    TEXT
int .......... (TEXT CONST zahl) ---> INT
int .......... (REAL CONST zahl) ---> INT
real ......... (TEXT CONST zahl) ---> REAL
real ......... (INT CONST zahl) ---> REAL
last conversion ok ---> BOOL
```

Die Prozedur 'text (INT CONST zahl)' verwandelt ein INT-Objekt in ein TEXT-Objekt, die Prozedur 'int (REAL CONST zahl)' ein REAL-Objekt in ein INT-Objekt unter Abschneiden der Nachkommastellen, die Prozedur 'real (INT CONST zahl)' ein INT-Objekt in ein REAL-Objekt mit Dezimalpunkt.
Die Prozedur 'text (INT CONST zahl, laenge)' verwandelt ein INT-Objekt in ein TEXT-Objekt vorgegebener Länge, was zu rechtsbündiger Darstellung von Tabellen ausgenutzt werden kann, weil ggf. mit Leerstellen aufgefüllt wird.

3.3. Prozeduren für INT-Objekte.

```
sign ......... (INT CONST operand) ---> INT
abs .......... (INT CONST operand) ---> INT
min .......... (INT CONST a, b) ---> INT
max .......... (INT CONST a, b) ---> INT
random ....... (INT CONST untergrenze, obergrenze) --->INT
initialize random (INT CONST startwert)
```

Die Prozedur 'random (INT CONST links, rechts)' erzeugt gleichverteilte ganze Zufallszahlen im Intervall von 'links' bis 'rechts', die Grenzen eingeschlossen.
Die Prozedur 'initialize random (INT CONST startzahl)'ist nützlich für eine Reproduktion derselben Pseudozufallszahlen, falls das z.B. für Testzwecke gewünscht wird.
Die Prozeduren 'abs' und 'sign' wirken so wie die gleichbenannten Operatoren.
Die Prozeduren 'max' und 'min' wählen von beiden Operanden den größeren, bzw. kleineren.

3.4. Prozeduren für REAL-Objekte.

```
floor ........ (REAL CONST operand) ---> REAL
frac ......... (REAL CONST wert) ---> REAL
round ........ (REAL CONST zahl, INT CONST stellen) ---> REAL
abs .......... (REAL CONST operand) ---> REAL
sign ......... (REAL CONST operand) ---> REAL
max .......... (REAL CONST a, b) ---> REAL
min .......... (REAL CONST a, b) ---> REAL
pi ........... ---> REAL
e ............ ---> REAL
ln ........... (REAL CONST x) ---> REAL
log2 ......... (REAL CONST x) ---> REAL
log10 ........ (REAL CONST x) ---> REAL
```

```
sqrt ......... (REAL CONST x) ---> REAL
exp .......... (REAL CONST x) ---> REAL
tan .......... (REAL CONST x) ---> REAL
tand ......... (REAL CONST x) ---> REAL
sin .......... (REAL CONST x) ---> REAL
sind ......... (REAL CONST x) ---> REAL
cos .......... (REAL CONST x) ---> REAL
cosd ......... (REAL CONST x) ---> REAL
arctan ....... (REAL CONST x) ---> REAL
arctand ...... (REAL CONST x) ---> REAL
random ....... ---> REAL
initialize random (REAL CONST startwert)
```

Alle im Abschnitt 3.3. aufgeführten Prozeduren gibt es entsprechend auch für REAL-Objekte. Dabei ergibt die parameterfreie Prozedur 'random' eine gleichverteilte Zufallszahl im Intervall von 0 bis 1, die Initialisierungsprozedur führt entsprechend eine REAL-Zahl als Startparameter.
Hinzu kommen die Prozeduren 'round (REAL CONST zahl, INT CONST stellen)', sowie 'frac (REAL CONST wert)' für die Nachkommastellen, 'floor (REAL CONST zahl)' für die Vorkommastellen einer REAL-Zahl.
Ferner gibt es mathematische Funktionen, wie sie ein wissenschaftlicher Taschenrechner enthält:

```
ln, log2, log10, sqrt, exp, tan, tand, sin, sind, cos, cosd,
arc tan, tand.
```

Dabei arbeiten die trigonometrischen Funktionen mit einem 'd' am Ende des Bezeichners mit Argumenten in Grad.

3.5. Prozeduren für TEXT-Objekte.

```
subtext ........ (TEXT CONST quelle, INT CONST von, bis) ---> TEXT
subtext ........ (TEXT CONST quelle, INT CONST von) ---> TEXT
replace ........ (TEXT VAR ziel, INT CONST pos, TEXT CONST quelle)
text ........... (TEXT CONST quelle, INT CONST laenge) ---> TEXT
text ........... (TEXT CONST quelle, INT CONST laenge, von) ---> TEXT
laenge ......... (TEXT CONST text) ---> INT
pos ............ (TEXT CONST quelle, muster) ---> INT
pos ............ (TEXT CONST quelle, muster, INT CONST von) ---> INT
pos ............ (TEXT CONST quelle, muster, INT CONST von, bis) ---> INT
compress ....... (TEXT CONST text) ---> TEXT
change ......... (TEXT VAR ziel, TEXT CONST altes muster, neues muster)
```

Die Prozeduren 'subtext (TEXT CONST text, INT CONST from)' bzw. 'subtext (TEXT CONST text, INT CONST from, to)' liefern die entsprechenden Teiltexte.
Die Prozedur 'change (TEXT VAR ziel, TEXT CONST alt, neu)' ersetzt den Teiltext

'alt' in 'ziel' durch 'neu' beim erstmaligen Auftreten.
Die Prozedur 'replace (TEXT VAR ziel, INT CONST position, TEXT CONST quelle)' ersetzt einen Teiltext in 'ziel' durch 'quelle' an der Stelle 'position'.
Die Prozedur 'pos (TEXT CONST quelle, muster)' liefert die erste Position von 'muster' in 'quelle' als INT-Wert.

3.6. Sonstige Standardprozeduren.

```
clock ........ (INT CONST index) ---> REAL
date ......... (REAL CONST datum) ---> TEXT
date ......... ---> TEXT
date ......... (INT CONST datum) ---> TEXT
time of day .. ---> TEXT
pause ........
pause ........ (INT CONST laenge)
cursor ....... (INT CONST x, y)
get cursor ... (INT VAR x, y)
errorstop .... (TEXT CONST meldung)
code ......... (INT CONST asciiwert) ---> TEXT
code ......... (TEXT CONST zeichen) ---> INT
```

Die Prozedur 'clock (INT CONST index)' gibt mit dem Index 0 die cpu-Zeit der task, mit dem Index 1 die Realzeit. Die parameterfreie Prozedur 'date' liefert das Tagesdatum, die parameterfreie Prozedur 'time of day' die Tageszeit.
Die Prozedur 'pause (INT CONST laenge)' macht eine Pause von soviel Zehntelsekunden, wie 'laenge' angibt.
Die Prozedur 'cursor (INT CONST x, y)' setzt die Schreibmarke auf die angegebene Stelle, die sich auf dem Bildschirm befinden muß; die Prozedur 'get cursor (INT CONST x, y)' liest die entsprechenden Koordinaten vom Bildschirm ein.
Die Prozedur 'page' erzeugt einen leeren Bildschirm.
Die Prozedur 'errorstop (TEXT CONST meldung)' erzeugt einen Programmabbruch mit Fehlermeldung.
Die Prozedur 'code (INT CONST asciiwert)' verwandelt einen ascii-Wert in das entsprechende Zeichen, die gleichbenannte Prozedur 'code (TEXT CONST zeichen)' leistet das Umgekehrte.

3.7. Prozeduren für FILES.

```
maxlinelaenge .. (FILE VAR file) ---> INT
maxlinelaenge .. (FILE VAR file, INT CONST laenge)
putline ........ (FILE VAR file, TEXT CONST zeile)
getline ........ (FILE VAR file, TEXT VAR zeile)
line ........... (FILE VAR file)
reset .......... (FILE VAR file)
eof ............ (FILE CONST file) ---> BOOL
line ........... (FILE VAR file, INT CONST anzahl)
page ........... (FILE VAR file)
```

```
put ........... (FILE VAR file, TEXT CONST wort)
put ........... (FILE VAR file, INT CONST zahl)
put ........... (FILE VAR file, REAL CONST zahl)
get ........... (FILE VAR file, TEXT VAR wort, TEXT CONST seperator)
get ........... (FILE VAR file, TEXT VAR wort, INT CONST maxlaenge)
get ........... (FILE VAR file, TEXT VAR wort)
get ........... (FILE VAR file, INT VAR zahl)
get ........... (FILE VAR file, REAL VAR zahl)
close ......... (FILE VAR file)
forget ........ (TEXT CONST name)
rename ........ (TEXT CONST alter name, neuer name)
copy .......... (TEXT CONST alt, neu)
exists ........ (TEXT CONST name) ---> BOOL
```

Die unter 1) angeführten Ein/Ausgabeprozeduren gelten für Dateien, wenn der interne Name der Datei als erster Parameter zusätzlich erscheint. Beispiel:

```
getline (f, satz)        oder    put (f, text)
```

Die Prozedur 'eof (FILE CONST f)' dient in der Betriebsrichtung 'input' als Informationsprozedur, ob noch Informationen in der Datei enthalten sind. Die Prozedur 'exists (TEXT CONST name)' informiert, ob es eine Datei mit dem externen Namen 'name' gibt. Die Prozedur 'forget(TEXT CONST name)' löscht die Datei mit dem externen Namen 'name', die Prozedur 'rename (TEXT CONST alter name, neuer name)' benennt eine Datei um. Die Prozedur 'copy (TEXT CONST alt, neu)' kopiert die Datei mit dem Namen 'alt' in eine neue Datei mit dem Namen 'neu'.

Zahlreiche speziellere Prozeduren für Dateien befinden sich im Benutzerhandbuch.

3.8. Prozeduren aus dem erweiterten Standard.

Für den Datentyp 'VECTOR' gibt es die üblichen mathematischen Operationen mit Ausnahme des vektoriellen Produktes zweier Vektoren. Die euklidische Norm gehört zum Standard.

Für den Datentyp 'MATRIX' gibt es alle üblichen Operationen einschließlich der Transposition, der Determinante und der Inversion.

Für den Datentyp 'COMPLEX' gibt es neben der kartesischen Darstellung auch eine Prozedur für den Winkel in der Polarkoordinatendarstellung sowie die Wurzelfunktion.

Für den Datentyp 'LONGINT' gelten entsprechend dieselben Prozeduren wie für den Datentyp 'INT'. Die Prozedur 'longint (INT CONST zahl)' konvertiert INT-Werte in die Langdarstellung.

Einzelheiten müssen dem Benutzerhandbuch entnommen werden.

4. Einfache Anweisungen und Sequenzen.

Einfache Anweisungen sind insbesondere die Zuweisung :
haeufigkeit := 0,
oder andere Ausdrücke, die keinen Wert als Resultat liefern, z.B. :
haeufigkeit INCR 1.
Auch Prozeduraufrufe, wie :
put (haeufigkeit),
oder Refinementaufrufe, wie :
ermittle haeufigkeit durch versuche,
sind einfache Anweisungen.
Komplexe Anweisungen sind Schleifen (s.u) und Fallunterscheidungen (s.u).
Nacheinander auszuführende Anweisungen (Sequenz) werden durch Semikolon (';') voneinander getrennt :

```
tue dieses ;
tue jenes
```

5. Refinements.

Refinements sind Mittel zur Gliederung und Abstraktion 'im Kleinen'. Sie werden zur 'Top - Down' Entwicklung eingesetzt :

```
tue dieses ;
tue jenes .
```

Die Sequenz wird durch einen Punkt abgeschlossen .
Anschließend muß jedes einzelne Refinement näher erklärt werden :

```
tue dieses :
  hole erstes objekt ;
  hole zweites objekt ;
  verarbeite beide objekte .
```

Das kann - wie im Beispiel - wiederum durch Refinements geschehen. Sonst erscheinen konkrete Anweisungen mit Schlüsselwörtern von ELAN, wie sie anschließend erläutert werden. Wie alle Bezeichner werden Refinement - Bezeichner ausschließlich in Kleinbuchstaben geschrieben.
Auf diese Weise kann man durch treffende verbale Formulierung Problemlösungen in großen Schritten beginnen und sukzessive konkretisieren, ohne ständig die Abstraktionsebene wechseln zu müssen.

6. Schleifen.

Basiskonstrukt ist die (nicht zu verwendende) Endlosschleife:

```
REPEAT              REP               REP
  tue etwas           tue etwas         tue etwas
END REPEAT          ENDREP            PER
```

Für eine abweisende Schleife wird vorgesetzt:

```
WHILE bedingung erfuellt REP
  tue etwas
ENDREP
```

Diese Schleife wird kein einziges Mal durchlaufen, wenn die Bedingung von vornherein nicht erfüllt ist. Für eine nichtabweisende Schleife, welche mindestens einmal durchlaufen wird, wird das Abbruchkriterium ans Ende gesetzt:

```
REP
  tue etwas
UNTIL bedingung erfuellt ENDREP
```

Unter dem Refinement "tue etwas" muß sich natürlich die Abbruchbedingung verändern, damit es irgendwann zu einem Abbruch kommt. Wichtig ist es, Zähler oder dergleichen außerhalb des Schleifenrumpfes zu initialisieren.
Wenn nur um 1 herauf- oder heruntergezählt werden soll und die Zahl der Wiederholungen bekannt ist, kann man die zählergesteuerten Schleifen

```
FOR i FROM anfang UPTO ende REPEAT ...... END REPEAT bzw.
FOR i FROM ende DOWNTO anfang REP  ...... END REP benützen.
```

Sie werden genau so oft durchlaufen, wie 'ende' nicht überschritten, bzw. 'anfang' nicht unterschritten wird. Dabei ist i mit dem Datentyp INT zu deklarieren (natürlich unter beliebigem Namen) und darf innerhalb des Schleifenrumpfes nicht verändert werden. 'anfang' und 'ende' sind ebenfalls vom Datentyp INT und können aus einer (nur einmal ausgewerteten) Formel bestehen.
Schleifen können geschachtelt werden. Bei Kombination der zählergesteuerten und der klauselgesteuerten Schleife heißt es:

```
FOR i FROM 1 UPTO anzahl
  WHILE bedingung erfuellt REP
    tue etwas
  ENDREP

FOR i FROM 1 UPTO anzahl REP
  tue etwas
UNTIL sonderbedingung erfuellt ENDREP.
```

Innerhalb von Schleifen können neu deklarierte Objekte initialisiert werden, so daß sie bei jedem Schleifendurchlauf zwar nicht neu reserviert, aber mit neuen Werten versehen werden.

7. Fallunterscheidungen.

a) Die einseitige Abfrage erfolgt durch die Schlüsselwörter

```
IF bedingung
  THEN tue dies;
       tue noch etwas
FI
```

'tue dies; tue noch etwas' wird nur dann ausgeführt, wenn die Bedingung erfüllt ist. Das Refinement 'bedingung' muß ein Boolescher Ausdruck sein.

b) Die zweiseitige Abfrage (Alternative)

```
IF bedingung erfuellt
  THEN tue dieses
  ELSE tue jenes
FI
```

Wenn die Bedingung nicht erfüllt ist, wird der ELSE-Teil ausgeführt (der seinerseits keine Bedingung benötigt, weil es sich um den genau komplementären Fall handelt).

c) Die mehrfache Abfrage (Abfragekette)

```
IF   bedingung 1 erfuellt
  THEN anweisungsfolge 1
ELIF bedingung 2 erfuellt
  THEN anweisungsfolge 2
  ELSE anweisungsfolge 3
FI
```

Hier wird mit einem (evtl. mehrfach vorkommenden) Schlüsselwort ELIF = ELSE IF (zu deutsch etwa "wenn aber") gearbeitet, um "IF-Gebirge" zu vermeiden. Die Fälle werden in der Reihenfolge des Programms durchlaufen. Es erscheint nur einmal 'FI'.

d) Die Fallunterscheidung numerierter Fälle.

Effizienter als eine längere Abfragekette nach der Möglichkeit c) arbeitet eine Mehrfachauswahl, wenn die einzelnen Fälle durchnumeriert sind:

```
SELECT fallnr OF
  CASE 1    :tue dieses
  CASE 2, 3 :tue jenes
  OTHERWISE melde fehler
END SELECT
```

'fallnr' muß dabei vom Typ INT sein.
Bei allen Abfragen stellen Schlüsselwörter Begrenzer dar, die das Semikolon überflüssig machen. Wertliefernde Refinements, die aus Abfragen bestehen, müssen sowohl mindestens einen THEN - Teil wie einen ELSE - Teil enthalten.

8. Zusammengesetzte Datentypen.

a) Zusammenfassung von Datenobjekten desselben Datentyps.

Mehrere Datenobjekte desselben Datentyps können zu einem neuen Datentyp, der Reihung, zusammengefaßt werden:

```
ROW 100 TEXT VAR liste        ROW 50 INT VAR zahlenfolge
```

Dabei muß die Anzahl der Elemente konkret (evt. über eine LET - Vereinbarung) vorgegeben sein. Zwei ROWs mit unterschiedlicher Deklaration der Elementenzahl stellen unterschiedliche Datentypen dar. ROWs von Konstanten werden auf folgende Weise initialisiert:

```
ROW 5 INT VAR feld :: ROW 5 INT : (1,2,3,4,5)
```

Felder dieser Art können mehrere Dimensionen besitzen:

```
ROW 10 ROW 5 REAL VAR matrix
```

stellt ein zweidimensionales Feld dar, das als Reihung einer Reihung zu verstehen ist.
Der Zugriff zum einzelnen Element in einer ROW erfolgt über die Subskription:

```
liste [1],  feld [index],  matrix [2] [3]
```

stellen solche Zugriffe dar; der Index 0 ist nicht erlaubt.
Für fortlaufende Zugriffe über alle Elemente einer Reihung wird zweckmäßig die zählergesteuerte Schleife eingesetzt.

b) Zusammenfassung von Datenobjekten ungleichen Typs.

Mehrere Datenobjekte ungleichen Typs können zu einem neuen Datenobjekt zusammengefaßt werden. Dazu dient die Struktur:

```
STRUCT (TEXT name, vorname, INT jahrgang) VAR schueler
```

Hier werden die einzelnen Komponenten nicht mit einer Kennzeichnung des Zugriffsrechts versehen, sondern nur die gesamte Struktur. Die Komponenten werden durch Kommata getrennt.
Der Zugriff auf die Komponenten erfolgt durch die sogenannte Selektion:

name.schueler   vorname.schueler   jahrgang.schueler

Initialisierungen erfolgen wie oben:

```
STRUCT (TEXT name, vorname, INT jahrgang) VAR schueler ::
STRUCT (TEXT name, vorname, INT jahrgang): ("maier", "hans", 11)
```

(Abkürzungsmöglichkeiten siehe unter dem LET - Konstrukt; dort findet man auch Schachtelungen von Strukturen).
Natürlich kann in einer Struktur auch der Datentyp 'ROW' auftreten:

```
STRUCT (ROW 2 INT telephonnr, TEXT name) VAR person
```

mit dem Zugriff:

```
INT VAR dienstnr := person.telephonnr [1] ;
INT VAR privatnr := person.telephonnr [2]
```

oder umgekehrt können Reihungen von Strukturen vorkommen:

```
ROW 30 STRUCT (TEXT name,vorname,INT jahrgang) VAR klasse
```

mit dem Zugriff:

```
TEXT VAR schuelername := klasse [1].name
```

Diese Schachtelungen kann man beliebig erweitern.

9. Die Abkürzungsvereinbarung LET.

Mit dem LET - Konstrukt werden Abkürzungen bzw. andere Namen für Denoter einfacher Datentypen eingeführt:

```
LET anzahl = 100; ROW anzahl INT VAR liste.
```

Auf diese Weise reicht eine einzige Änderung des Denoters in der LET - Vereinbarung aus, um ggf. an vielen Programmstellen eine andere Konstante einzuführen.
Dieser Vorgang kann auch wiederholt werden:

```
LET anzahl = 100, titel = "Wertetabelle";
put (titel); INT VAR i;
FOR i FROM 1 UPTO anzahl REP ....
```

Der ELAN - Compiler setzt diese Vereinbarungen textuell an allen Stellen ein, wo der neue Name vorkommt.

Ebenso kann das LET - Konstrukt für die Namen von Datentypen genommen werden, die dann allerdings mit Großbuchstaben geschrieben werden müssen:

```
LET TABELLE = ROW 100 ROW 2 INT;
TABELLE VAR liste 1 ;

LET PERSON = STRUCT (TEXT name, vorname, INT alter)
ROW 50 PERSON VAR betrieb
```

Auch dieser Vorgang läßt sich über eine einzige LET - Vereinbarung an mehreren Datentypen wiederholen.

10. Prozeduren.

a) parameterlose Prozeduren

Die Prozedur stellt eine Gliederungseinheit für ein Programm dar, die dem Refinement übergeordnet ist. Variablen in Prozeduren sind sogenannte lokale Variable, deren Reichweite auf die Prozedur beschränkt ist. So kann man z.B. dieselben Namen für Indizes in mehreren aufeinanderfolgenden Prozeduren verwenden, ohne daß eine gegenseitige Störung eintritt.

```
PROC main:

  INT VAR i:: 100 ;
  WHILE i > 0 REPEAT
    .......
    i DECR 1
  END REPEAT

END PROC main ;
```

Eine Prozedur wird wie im Beispiel definiert und im Programm mit ihrem Namen aufgerufen. Mehrere Prozeduren werden sequentiell angeordnet, können aber beliebig geschachtelt (auch rekursiv) aufgerufen werden.

b) Prozeduren mit Parametern

Hinter dem Prozedurnamen kann in Klammern eine Parameterliste stehen, die Datentyp und Zugriffsrecht und Namen der formalen Parameter enthält :

```
PROC vertausche(TEXT VAR wort 1, wort2) :

  TEXT VAR hilf :: wort 1 ;
  wort 1 := wort 2 ;
  wort 2 := hilf

END PROC vertausche ;

TEXT VAR erstes  wort :: "Haensel",
         zweites wort :: "Gretel" ;
drucke satz ;
vertausche ;
drucke satz .

drucke satz :
  put (erstes wort); put ("und") ;
  put (zweites wort) .
```

Die beiden Aufrufe des Refinements 'drucke satz' bewirken verschiedene Ausdrucke "Haensel und Gretel" bzw. "Gretel und Haensel".

c) Wertliefernde Prozeduren.

Die bisher aufgeführten Prozeduren lassen sich als Aktionsprozeduren kennzeichnen. Die übergebenen Variablen haben konkrete Werte, die anschließend in der Prozedur als Eingangswerte behandelt und verarbeitet werden oder sie stellen Größen dar, welche in der Prozedur Werte bekommen, mit denen dann außerhalb der Prozedur weiterverfahren wird. Auf diese Weise kommen z.B. Ergebnisparameter in der Parameterliste vor.
Wenn die Prozedur jedoch nur ein einziges Ergebnis liefert, ist es häufig zweckmäßig, es unter ihrem Namen so zur Verfügung zu haben, wie man es von mathematischen Funktionen her kennt: sin (pi) ergibt den Wert 0. Entsprechend werden sogenannte Funktionsprozeduren definiert:

```
REAL PROC f (REAL CONST x) :
  x ** 2 + 2.0 * x - 1.0
END PROC f ;
```

Der Aufruf f (7.0) ergibt den Wert 62.0 ; man kann z.B. in ein Programm schreiben:

```
put (f (7.0))
```

Wie im Beispiel erkennt man Funktionsprozeduren daran, daß der Datentyp des Ergebnisses vor das Schlüsselwort 'PROC' gesetzt wird. Der gelieferte Wert ist der Wert der letzten Anweisung, die im Prozedurrumpf vorkommt; sie kann auch aus einem wertliefernden Refinement stammen. Auch zusammengesetzte Datentypen können als gelieferte Werte in einer ROW ... PROC oder einer STRUCT ... PROC auftreten.

d) Prozeduren als Parameter von Prozeduren.

In der Parameterliste einer Prozedur kann wiederum eine Prozedur auftreten.
Beispiel: Für ein Näherungsverfahren der Analysis werden nicht nur 2 Startwerte als REAL CONST übergeben, sondern auch eine Funktion.
Diese Möglichkeit ist insbesondere dann von Bedeutung, wenn die betreffende Prozedur als ein allgemeines Werkzeug vorübersetzt werden soll und dann unmittelbar aufgerufen werden kann.

```
REAL PROC nullstelle (REAL CONST start 1, start 2,
                      REAL PROC (REAL CONST) f):
```

ist der Prozedurkopf, bei dem die Hintanstellung des Namens der Prozedurvariablen zu

beachten ist, während Namen als Platzhalter der übergebenen Prozedur nicht genannt werden ("virtuelle Parameterliste").
Der Aufruf geschieht auf folgende Weise:

```
put (nullstelle (1.0, 2.0, PROC g)) ;

REAL PROC g (REAL CONST x) :
  x ** 3 - 7.0
END PROC g ;
```

e) Rekursive Prozeduren.

Eine Prozedur kann sich selbst aufrufen und heißt dann rekursiv. Das kann mehrfach geschehen oder auch über andere Prozeduren, die ihrerseits wieder die ursprüngliche Prozedur rufen.("Indirekte Rekursion"). Für alle solche Programme ist es wichtig, daß ein Rekursionsausstieg vorhanden ist:

```
INT PROC ggt (INT CONST a,b) :
  IF b = 0
    THEN a
    ELSE ggt (b, a MOD b)
  FI
END PROC ggt ;

put (ggt (18, 12))
```

Durch die hier vorgenommene Restbildung beim zweiten Operanden bekommt man einen endlichen Abstieg, so daß der THEN-Fall nach endlich vielen Schritten eintritt und nicht mehr zu einem erneuten Aufruf führt.

11. Pakete.

ELAN erlaubt die Definition neuer Datentypen:

```
TYPE BRUCH = STRUCT (INT zaehler, nenner)
```

Für den Umgang mit diesen Datenobjekten benötigt man jedoch mindestens Ein/Ausgabeprozeduren, die Zuweisung und häufig spezielle Operatoren. Dafür gibt es eine neue Gliederungseinheit, das Paket. Es besitzt im Paketkopf eine Schnittstelle, die sogenannte

DEFINES - Liste, in der die Elemente aufgeführt sind, welche nach außen verfügbar sein sollen:

```
PACKET bruchrechnung DEFINES BRUCH, +, -, *, /,put, get,
                                   :=, kuerzen :
  .........
  .........

END PACKET bruchrechnung
```

Damit sind Spracherweiterungen möglich. Es können mehrere aufeinanderfolgende Pakete so konstruiert werden, daß jedes nachfolgende Paket auf die Hilfsinstrumente des vorigen zurückgreift. Das letzte Paket, das den Paketrahmen nicht mehr benötigt, das sogenannte "main packet", ist dann das bisherige Programm, für das alle neu definierten Instrumente verfügbar sind.
Mit diesem Hilfsmittel werden z.B. im erweiterten Standard die Datentypen 'LONGINT', 'COMPLEX', 'VECTOR', 'MATRIX' mit entsprechenden Operatoren und Ein/Ausgabeprozeduren dem Sprachumfang auf Wunsch hinzugefügt.
Für die neu definierten abstrakten Datentypen sind Infix - Operatoren zweckmäßig. Sie werden als wertliefernde oder nicht wertliefernde Operatoren genauso wie Funktions - bzw. Aktionsprozeduren definiert; das Schlüsselwort 'OP' tritt dabei anstelle des Schlüsselwortes 'PROC'.

```
BRUCH OP + (BRUCH CONST a,b) : ......... END OP + ;
OP := (BRUCH VAR a,BRUCH CONST b) : ......... END OP := ;
```

Die Bezeichner von Operatoren sind entweder Namen in Großbuchstaben oder Sonderzeichen. Wenn letztere schon eine einschlägige Bedeutung haben, können sie trotzdem spezifisch für den neudefinierten Datentyp eingeführt werden. Dabei wird allerdings die Priorität übernommen, was im Einzelfall durchaus wünschenswert sein kann.
Wenn man innerhalb des Paketes auf die Feinstruktur des Datentyps zugreifen will und der Datentyp elementar ist, wird der Konkretisierer mit dem Schlüsselwort 'CONCR' notwendig. Eine Uhrzeit in Stunden und Minuten kann z.B. definiert werden als

```
TYPE UHRZEIT = REAL
```

Die Typenbildung ist sinnvoll, weil abweichend von der Arithmetik reeller Zahlen zyklische Operationen modulo 60 bzw. modulo 24 eingesetzt werden müssen. Andererseits wird man z.B. für Abfragen den REAL - Wert selbst meinen; dann ist der Konkretisierer einzusetzen:

```
UHRZEIT VAR zeitpunkt;
IF CONCR (zeitpunkt) >= 24.00 THEN .....FI
```

Für zusammengesetzte Datentypen kann man wahlweise Selektion bzw. Subskription oder den Konkretisierer benützen. Denoter für neudefinierte Datentypen werden mit Hilfe des Konstruktors gebildet:

```
UHRZEIT VAR zeitpunkt :: UHRZEIT : (13.24)
```

12. Files.

Die Werte von Datenobjekten können nicht nur auf dem Bildschirm oder auf dem Drucker während ihrer Produktion ("flüchtig") ausgegeben, sondern auch in externe Dateien, sogenannte files, geschrieben werden. Im allgemeinen sind nur sequentielle Dateien realisiert, deren Datentyp 'FILE' heißt. Wie andere Datenobjekte, so werden auch FILE - Objekte mit Zugriffsrecht und Namen deklariert. Zugleich erfolgt aber auch eine Definition der Betriebsrichtung:

```
FILE VAR f :: sequentialfile (input, "Eingangswerte") bzw.
FILE VAR g :: sequentialfile (output, "Ergebnisse")
```

In beiden Fällen ist die Betriebsrichtung vom Programm her gesehen. Der zweite Parameter nennt den externen Namen der Datei, während 'f' bzw. 'g' die im Programm gebrauchten internen Namen darstellen. Für die Verwaltung dieser Dateien gibt es einige Standardprozeduren, welche dort aufgeführt sind. Wichtig ist fur Einlesevorgänge (Betriebsrichtung 'input') die Prozedur 'eof (FILE VAR f)', ("end of file") , welche den entsprechenden Booleschen Wert liefert, je nachdem, ob die Datei noch Information enthält oder nicht. Die Ein/Ausgabe - Prozeduren 'put' und 'get' entsprechen den Standardprozeduren mit demselben Namen für einfache Datenobjekte mit der Ausnahme, daß sie zwei Parameter besitzen:

```
get (f, wert)   oder  put (g, ergebnis)
```

So wie 'line (INT CONST anzahl)' entsprechende leere Zeilenvorschübe auf dem Bildschirm liefert, so 'line (f, anzahl)' Zeilenvorschübe in der Datei.
Eine weitere Betriebsart für files heißt "modify". Damit kann innerhalb der Datei beliebig positioniert werden. Die nähere Beschreibung steht unter den Standardprozeduren.

Schlußbemerkung.

Dieser Kurzüberblick konnte nicht alle Feinheiten der Sprache ELAN bringen. Dazu wird verwiesen auf die ausführlichere Darstellung Klingen/Liedtke, "Programmieren mit ELAN", Teubner, Stuttgart 1982 sowie auf die offizielle Sprachdefinition Hommel u.a. "ELAN - Sprachbeschreibung", Akademische Verlagsgesellschaft, Wiesbaden 1979.
Eine weitere Einführung enthalten u.a. "Erste Hilfe in ELAN" (R.Hahn) und das "EUMEL - Benutzerhandbuch, Version 1.7" Bielefeld 1984 (R.Hahn).

Vorschlag für einen Anfängerkurs.

a) Programme mit einfachen Datentypen und Refinements:

1,2,3,4,5,7,8,10,11,12,14,16,19,20,23,24,30,36,37,40,
43,44,45,46,50,51,52,53,54,58,60,61,66,67,68,69,70,71.

b) Programme mit zusammengesetzten Datentypen:

6,8,13,25,31,32,38,39,42,47,49,55,57,62,63,65,80,81.

c) Programme mit File - Verarbeitung:

15,31,32,33,39,42,79.

d) Programme mit Prozeduren:

5,9,17,18,21,22,26,27,28,29,34,35,48,56,59,64,72,73,74,
75,77,78,84,85,86,88,89,90,91,92,93,95,99,100

e) Programme mit rekursiven Prozeduren:

9,17,26,29,34,35,48,72,86,95,99.

f) Programme mit Paketen:

41,76,82,83,87,94,96,97,98.

g) Programme mit leicht erhöhtem Aufwand aus dem Anwendungsgebiet:

30,32,33,35,38,69,73,77,90,91,97.

Ein ELAN - Sprachkurs wird im allgemeinen in der Ordnung a) - g) des obigen Vorschlags anzuordnen sein. Dabei steigt der Schwierigkeitsgrad innerhalb der jeweiligen Gruppe ein wenig an. Die Programmentwicklung sollte mit Bleistift/Papier/Radiergummi bzw. Kreide/Tafel/Lappen im konzeptionellen Entwurf erfolgen, nicht probierend am Terminal. Verbalisierung und Gliederung der Programme sind ebenso wichtig wie ihre Ablauffähigkeit und syntaktische und logische Richtigkeit.

Größere Projekte in ELAN auf dem EUMEL-Betriebssystem.

Beispiele weiterer schulischer Projekte

1.) Kürzeste Wege im Autobahnnetz und im Intercitybahnnetz der Bundesrepublik
2.) Symbolische algebraische Verarbeitung linearer und quadratischer Gleichungen und Bruchgleichungen
3.) Allgemeine Problemlösung in Anwendungsfeldern mit vernetzten Formeln
4.) Graphentheoretische Anwendungen (darunter Netzplantechnik und Job - Scheduling)
5.) Darstellung der größten bekannten Primzahl
6.) CHOICE (relationale Datenbank)
7.) Rekursive Kurven
8.) Auswertung empirischer Versuche und Erhebungen
9.) Spannungen und Ströme in großen vermaschten Widerstandsnetzen (dünn besetzte Matrizen)
10.) Hochauflösende Plottergraphik
11.) Kubische und parametrische Splines im Straßenbau

LITERATURVERZEICHNIS.

1.) Danckwerts/Vogel/Bovermann
Elementare Methoden der Kombinatorik
Stuttgart 1985 (mit ELAN - Programmen)

2.) M.Eigen/R.Winkler
Das Spiel
Naturgesetze steuern den Zufall
München und Zürich 1981

3.) R.Hahn
Erste Hilfe in ELAN
EUMEL - Benutzerhandbuch
GMD Bonn und HRZ Bielefeld 1984

4.) R.Hahn/P.Stock
ELAN - Handbuch
Wiesbaden 1979

5.) G.Hommel/J.Jäckel/St.Jähnichen/K.Kleine/W.Koch/C.H.A.Koster
ELAN - Sprachbeschreibung
Wiesbaden 1979

6.) G.Hommel/St.Jähnichen/C.H.A.Koster
Methodisches Programmieren
Berlin und New York 1983

7.) L.H.Klingen/J.Liedtke
Programmieren mit ELAN
Stuttgart 1983

8.) A.Otto
Analysis mit dem Computer
Stuttgart 1985 (mit ELAN - Programmen)

MikroComputer-Praxis Fortsetzung

Löthe/Quehl: **Systematisches Arbeiten mit BASIC**
2. Aufl. 188 Seiten. DM 21,80

Lorbeer/Werner: **Wie funktionieren Roboter**
In Vorbereitung

Mehl/Stolz: **Erste Anwendungen mit dem IBM Personal Computer**
In Vorbereitung

Menzel: **BASIC in 100 Beispielen**
4. Aufl. 244 Seiten. DM 24,80

Menzel: **Dateiverarbeitung mit BASIC**
237 Seiten. DM 28,80

Menzel: **LOGO in 100 Beispielen**
234 Seiten. DM 23,80

Mittelbach: **Simulationen in BASIC**
182 Seiten. DM 23,80

Nievergelt/Ventura: **Die Gestaltung interaktiver Programme**
124 Seiten. DM 23,80

Ottmann/Schrapp/Widmayer: **PASCAL in 100 Beispielen**
258 Seiten. DM 24,80

Otto: **Analysis mit dem Computer**
239 Seiten. DM 23,80

v. Puttkamer/Rissberger: **Informatik für technische Berufe**
Ein Lehr- und Arbeitsbuch zur programmierbaren Mikroelektronik
284 Seiten. DM 23,80

Weber/Wehrheim: **PASCAL-Programme im Physikunterricht**
In Vorbereitung

MikroComputer-Praxis

DISKETTEN

Die nachstehenden Disketten (5¼ Zoll) enthalten die Programme der gleichnamigen zugehörigen Bücher, wobei Verbesserungen oder vergleichbare Änderungen vorbehalten sind.

Duenbostl/Oudin/Baschy: **BASIC-Physikprogramme 2**
Diskette für Apple II
Empf. Preis DM 52,–
Diskette für C 64 / VC 1541, CBM-Floppy 2031, 4040; SIMON'S BASIC
Empf. Preis DM 52,–

Erbs: **33 Spiele mit PASCAL**
. . . und wie man sie (auch in BASIC) programmiert
Diskette für Apple II; UCSD-PASCAL Empf. Preis DM 46,–

Grabowski: **Computer-Grafik mit dem Mikrocomputer**
Diskette für C 64 / VC 1541, CBM-Floppy 2031, 4040
Empf. Preis DM 48,–
Diskette für CBM 8032, CBM-Floppy 8050, 8250; Commodore-Grafik
Empf. Preis DM 48,–